宇宙安全保障

宇宙がもたらす恩恵と宇宙の軍事脅威増大の相克

元陸将
渡部悦和

育鵬社

はじめに

日本語の「宇宙」を表す英語には「universe（ユニバース）」と「space（スペース）」がある。ユニバースとは、存在するすべてのもの（天体、物質、エネルギー、空間、時間を含むすべて）、つまり時空全体を意味する。スペースは本来的にはこれらすべてのものの間にある空虚な空間を意味するが、本書では、宇宙空間（outer space）であり、地球の大気圏のすぐ外側の領域のことだと解釈している。ギリシャ神話などはユニバースを起源とするものであろうし、天文学はユニバースを学問の対象とするが、安全保障はスペースを対象とする。

私は子供のころから空を見上げる（つまりスペースを見る）のが好きだった。昼も夜も空を見上げていると心が落ち着き、小さな悩みなど吹き飛んでしまう包容力や癒しを宇宙が持っていることを実感してきた。宇宙には特別な魅力があり、いつか宇宙に関する本を書きたいと思っていた。

宇宙の恩恵と脅威

コインに表と裏があるように、宇宙にも表と裏がある。宇宙は人類に恩恵をもたらしてくれる側面があるが、禍(わざわい)をもたらす側面もある。

宇宙をベースとする衛星等の恩恵は大きい。衛星には通信衛星、放送衛星、地球観測衛星、GPSなどの測位衛星、気象衛星などがあるが、これらがすべて使えなくなったらどうなるか。考えただけでぞっとする。

例えば、GPSはユーザーに正確な位置と正確な時刻を提供してくれるが、この情報がなくなると陸・海・空の交通・輸送システムはダウンする。また、GPSに搭載されている電子時計による正確な時刻の情報がなくなると、金融取引に障害が起こるし、インターネットや携帯電話にも支障が出る。つまり、衛星は、我々の生活を便利にし、経済活動を発展させ、雇用を創出してくれる。

一方、宇宙に存在するものが人類に禍をもたらすこともある。例えば、最近打ち上げられる衛星の数が急増し、衛星と衛星が衝突する可能性が高まっている。また、衛星の増加に伴い、宇宙の厄介物であるスペースデブリ（宇宙ゴミ。以下、デブリ）も急増し、大問題になっている。デブリが宇宙ステーションや人工衛星などと衝突すると、さらに多くのデブリが発生し、安全に宇宙空間を利用できなくなる。

また、宇宙を戦闘領域と認識する国が増加していて、宇宙の「軍事化（militarization）」や「戦場化」が大きな問題になっている。中国やロシアは、米国や日本などの宇宙資産の重要性と脆弱性を認識し、必要ならばこれを破壊または機能不全にする意図を持っている。そのために地上配備型および宇宙配備型の多様な衛星攻撃能力の開発・配備を進めている。

宇宙空間の安全と宇宙安全保障

国連等において、宇宙に関する議論はふたつの異なるグループに分かれているという。

一方は、宇宙空間の安全と平和利用に関する議論であり、宇宙空間が全人類の利益のために平和的に利用され、探査される環境であることを保証することを重視している。

もう一方の宇宙安全保障に関する議論では、宇宙の「戦場化」、宇宙空間における軍拡競争、対宇宙能力（宇宙における攻撃能力）の開発や使用など、宇宙空間における意図的な脅威を抑止することに重点を置いている。

人類が宇宙を利用し、探査し、そこから利益を得る能力は、本質的に宇宙空間に自由にアクセスできて、継続的に利用できることと関係している。したがって、宇宙安全を安全保障の議論から切り離すのは不適切だ。宇宙安全と宇宙安全保障は、宇宙の持続可能性という同じコインの表裏であると考えるべきだと思う。「両者の補完性を認識し、両者を調和させることが宇宙利用の持続可能性に貢献する」と認識することが適切であろう。

宇宙安全と宇宙安全保障の間に相乗効果を見出し、補完的な形でこれらの問題に対処することが適切だと思っている、本書はそのような立場に立っている。

なぜ宇宙安全保障は重要なのか

米中覇権争いを研究してきた私にとって宇宙安全保障は避けては通れないテーマだった。

「宇宙を制する者が世界を制する」
「宇宙を制する者が現代戦を制する」

という格言がある。

宇宙開発における三大国家である米中露は、現代戦における宇宙の重要性を深く認識していて、宇宙の軍事的支配を意味する「制宙権」をめぐる熾烈な争いを展開している。

とくに中国は「制宙権」を確保した宇宙強国を目指し、急速な宇宙能力の向上を行っている。宇宙強国の狙いは、「宇宙における米国の覇権を阻止することにより、地上での米国の覇権を阻止する」ことである。

仮に米中間に紛争が起こった場合、中国は米国の人工衛星などに対する先制攻撃を行う可能性がある。宇宙戦は先手必勝で、先に相手の衛星などを破壊した国の勝ちだ。中国は、まともに米軍と戦ったら負けると思っている。そこで米軍の弱点を探し、その弱点を衝く作戦を採用している。米軍の弱点は、人工衛星とそれを支えるインフラの脆弱性だ。

万が一、米国の衛星が破壊されるか機能低下に陥れば、米軍は致命的な打撃を受ける。例えば、通信衛星や偵察衛星が破壊されれば、作戦の中枢機能であるC４ＩＳＲ（指揮・統制・通信・コンピュータ・情報・監視・偵察）が機能しない状態になる。また、ＧＰＳ衛星が破壊されると、ＧＰＳを活用する兵器（弾道ミサイル、艦艇、航空機など）は位置情報が使えなくなり、射撃精度に決定的な悪影響を受ける。

また、宇宙におけるサイバー攻撃や電子戦（通信妨害、ＧＰＳ妨害など）をはじめとしたノンキネティックな（物理的破壊を伴わない）兵器の使用は、攻撃の主体や手段の特定が困難なだけに、平時に使用されている可能性がある。

このように、宇宙空間では平時と有事の境が曖昧なグレーゾーンの環境が常態となっている。

ロシア・ウクライナ戦争と宇宙安全保障

ロシア・ウクライナ戦争は、多くの分野に影響を与えているが、宇宙安全保障の分野にも大きな影響を与えている。私は、ロシア軍がウクライナ侵略を開始した日から、「オール・ドメイン戦（All-Domain Warfare）」をキーワードとしてこの戦争を分析してきた。

ドメインは「戦う空間（領域）」のことで、戦争における伝統的なドメインとしては陸・海・空のドメインが存在する。最近では宇宙・サイバー・電磁波のドメインが重視されている。防衛省・自衛隊は、この六つのドメインを重視している。六つのドメイン以外のドメインとしては、情報・認知・技術・政治・外交・経済など多数ある。

数多くあるドメインのなかで、現代戦において最も注目すべきは宇宙であり、宇宙戦が現代戦において不可欠な要素になっている。

各章の記述内容

序章では、宇宙の安全保障に関する基本的なテーマや用語について解説している。例えば、デブリの問題、衛星の種類、中国やロシアが実施する可能性の高い「宇宙での攻撃方法」、安全保障における宇宙の重要性などについて紹介する。

第一章では、「イーロン・マスクとロシア・ウクライナ戦争」と題して、類稀な実業家イーロン・マスクが設立した宇宙開発会社・スペースXが米国の宇宙開発に画期的な貢献をしている実態、スペースXの衛星通信網であるスターリンクがロシア・ウクライナ戦争という国家間の戦争に決定的な影響を与える存在になっている実態を紹介する。

ウクライナにとってスターリンクは必須の通信・インターネットインフラであり、これなくして戦争を継続できない状況だ。そのため、マスクの戦争に与える影響力は大きく、負の側面もあることを紹介している。

第二章は「米国の宇宙安全保障」で、米国の歴代政権の宇宙政策（アイゼンハワー政権からオバマ政権まで）は簡潔に紹介し、トランプ政権とバイデン政権の宇宙政策は少し詳しく紹介している。とくにトランプ政権は自ら打ち出した宇宙政策を迅速に実現した。例えば、トランプ大統領がこだわった新たな軍種としての米宇宙軍（ＵＳＳＦ：US Space Force）の創設を高く評価したい。宇宙軍の創設により、米国の宇宙安全保障に対する取り組みはより現実的なものになると期待している。

第三章は「宇宙強国を目指す中国」で、中国の宇宙覇権の野望、それを実現するための中国人民解放軍（以下、解放軍）を中心とした宇宙開発体制、習近平主席肝いりで新編された戦略支援部隊などについて記述している。しかし、その戦略支援部隊は２０２４年4月18日に解体され、軍事宇宙部隊が新たに編成されたが、その動向が今後の注目点だ。

第四章は「ロシアの宇宙安全保障」で、ロシア・ウクライナ戦争などで相対的に国力が低下し、米中の宇宙能力に比較するとロシアのそれは見劣りがするが、その宇宙での攻撃能力を過小評価すべきではないことを記述した。

第五章は「我が国の宇宙開発」で、内閣府の基本文書である「宇宙基本計画」「宇宙安全保障構想」などを題材として日本の宇宙開発の基本的事項を紹介した。また、デブリ除去に取り組んでいる宇宙開発機構（ＪＡＸＡ：Japan Aerospace Exploration Agency）や民間企業アストロスケールの取組について記述している。最後に防衛省自衛隊の取組として航空自衛隊の新編成された宇宙作戦群の活動を紹介するとともに、我が国の宇宙安全保障における諸問題について記述した。

なお、資料としては日米をはじめとする国家レベルの公的文書を重視して使用している。

「宇宙安全保障」をテーマとした本を書こうと決意してから数年が経過した。この間、『現代戦争論―超「超限戦」』（ワニブックス【PLUS】新書）『自衛隊は中国人民解放軍に敗北する⁉』（扶桑社新書）『ロシア・ウクライナ戦争と日本の防衛』（ワニブックス【PLUS】新書）『プーチンの「超限戦」』（ワニ・プラス）を上梓し、宇宙戦について論じてきた。本書はその集大成である。

最後に、本書を完成させるために多くの方々の協力を得たが、一人ひとりに感謝を申し上げたい。

令和6（2024）年6月吉日　渡部安全保障研究所オフィスにて

渡部悦和

序章

宇宙の安全保障に関する基本的事項

この章では、宇宙の安全保障に関する基本的なテーマや用語について解説する。例えば、スペースデブリ（宇宙ゴミ。以下、デブリ）の問題、衛星の種類、米中露の宇宙関係部隊が実施する可能性の高い「宇宙での攻撃方法」などについて紹介する。この宇宙での攻撃方法こそ、ロナルド・レーガン政権の「戦略防衛構想[1]」（いわゆるスターウォーズ計画）と密接な関係がある現代の宇宙戦の実態である。

スペースデブリ

１９５７年に世界初の人工衛星「スプートニク１号」が打ち上げられて以降、これまでに約１万１６７０基の衛星が地球周回軌道に送り込まれた。最近は打ち上げられる衛星の数が増え、衛星と衛星が衝突する可能性が高まっている。現在、地球から数百マイル以内に約７７００基の衛星が存在している。その数は、２０２７年までに数十万基に増加する可能性がある。

この衛星数の増加の背景には民間企業などの非国家主体による宇宙活動の拡大がある。つまり、従来の宇宙活動は国家のみが行ってきたが、最近は民間の宇宙関連企業の進出が顕著になってきた。とくに米国においては従来、米航空宇宙局（ＮＡＳＡ：National

Aeronautics and Space Administration）や国防省などに大型衛星を提供してきたロッキード・マーチン社やボーイング社、大型衛星の打上げを担当してきたユナイテッド・ローンチ・アライアンス社[2]に対抗する新興の宇宙企業が次々と誕生している。とくに目立つのが著名な起業家が航空宇宙産業に進出し、大きな成果を上げている事実である。例えば、エックス・ドットコム社（現・ペイパル社）やテスラ社を立ち上げたイーロン・マスクが設立したスペースX社[3]、アマゾン・ドット・コム社を立ち上げたジェフ・ベゾスが設立したブルーオリジン社[4]などだ。

1 戦略防衛構想（SDI：Strategic Defense Initiative）は、1983年にレーガン大統領が提唱した米国防衛構想で、「ソ連のミサイルが米国に到達する前にそれを迎撃し、破壊する防衛網を構築する。そのために、宇宙に防衛網を広げる」という構想であった。しかし、それを実現する技術的な裏付けはなく、また莫大な費用もかかることから計画は実現できなかった。「SDIは、ソ連を金のかかる軍拡競争に巻き込み、その国力を削ぐためのはったりの構想であった」という有力な説がある。1989年に冷戦が終結し、1991年にソ連が崩壊したこともあり、米国政府は1993年にSDIを正式に放棄した。

2 ロッキード・マーチン社とボーイング社の合弁企業。米政府向けにロケット打上げサービスを提供している。

3 Space Exploration Technologies Corp.

4 ブルーオリジン（Blue Origin）は、アマゾンの設立者であるジェフ・ベゾスが設立した航空宇宙企業。将来の有人宇宙飛行を目指している。

急増する衛星数の最大の原因は、スペースX社が提供する衛星インターネット・サービス「スターリンク（Starlink）」であろう。スターリンクは、５０００基以上（２０２３年8月現在）の小型衛星群（衛星コンステレーションという）で構成されている。今後、多くの国や民間企業が衛星コンステレーションの分野に進出する予定である。

また、今後10年間に１００件もの月面ミッションが、政府のみならず、スペースXやブルーオリジンなどの民間企業によって計画されていて、宇宙にはますます多くの衛星が存在することになろう。

衛星数の増加に伴い、宇宙の厄介ものとしてのデブリが大きな問題になっている。デブリは、人工衛星を打ち上げたロケットの残骸、寿命の尽きた衛星、衛星から分離した破片、２００７年に中国が実施した衛星破壊実験から発生した破片、衛星同士が衝突して発生する破片などであり、膨大な数になっている。デブリの数が多くなればなるほど、それが衛星に衝突する確率は高くなる。とくに地球に近い衛星軌道付近は混雑している。

デブリの数であるが、10センチメートル以上のものが約3万４０００個、１センチメートルから10センチメートルまでのものが90万個、１ミリメートルから１センチメートルまでが１億２８００万個と推定され、その総質量は９４００トンを超えている。小さな破片は問題ではないように思えるかもしれないが、破片は時速2万4140キロメートル、銃弾の10倍の速さで移動している。このスピードでは、ペンキの破片でさえ宇宙服に穴を開けたり、繊細な電子機器を破壊する可能性がある。[6]

危険なデブリから衛星を防護する方法には、デブリを「避ける」「防護する」「迎撃する」の3通りがある。避けるためには監視しなければいけない。世界中の宇宙機関が地球低軌道上に存在する直径10センチメートル（ソフトボール程度）よりも大きな3万個以上のデブリを追跡している。しかし、それ以下のサイズのものは、小さすぎて追跡できていない。

1978年、NASAの科学者ドナルド・ケスラーは、地球周回軌道上のデブリの密度がある限界を超えると、デブリ同士の衝突・破壊の連鎖によってデブリが爆発的に増加し、宇宙開発を行えなくなるという理論を提示した。専門家はこれを「ケスラー・シンドロー

5　コンステレーションの元々の意味は星座。
6　Chris Impey, "Analysis: Why trash in space is a major problem with no clear fix", PBS

写真0-1 「カナダアーム2」デブリ痕跡

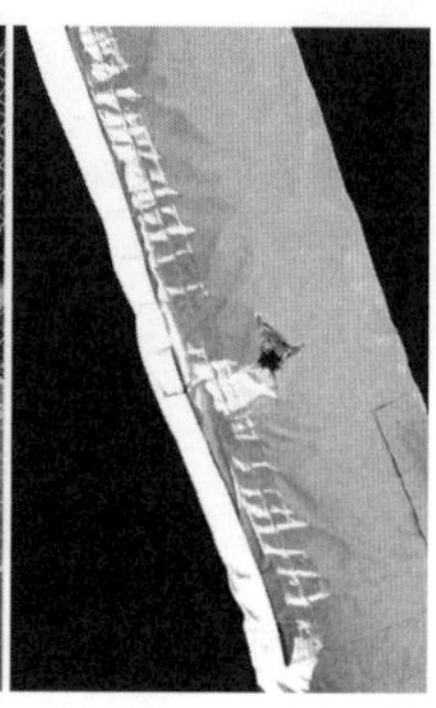

出典：CSA

ム」と呼んでいる。デブリの問題を解決しなければケスラー・シンドロームは現実のものとなるであろう。

国際宇宙ステーションに衝突したデブリ

カナダ宇宙庁（CSA：Canadian Space Agency）は2023年5月28日、「定期検査の際、国際宇宙ステーション（ISS：International Space Station）に搭載されている『カナダアーム2』でデブリが衝突した痕跡（こんせき）が見つかった」と発表した。

「カナダアーム2」は2001年にISSに搭載された、アームの長さ17メートルのロボットアームで、ISSのメンテナンスや物資・機器の移動、補給機とのドッキングのサポートなどを担っている。

カナダ宇宙庁と米国航空宇宙局（NASA）の専門家チームは、痕跡が見つかった領域の画像を分析し、衝突の影響を評価した。損傷はアームと耐熱ブランケットのごく一部に限られており、「カナダアーム2」の運用には影響がないという。事前の計画通り、作業を継続して進める方針だ。

２０１６年には、ＩＳＳに搭載されている欧州宇宙機関（ＥＳＡ：European Space Agency）の観測用モジュール「キューポラ」のガラス窓に微小デブリが衝突し、直径7ミリの丸い傷がつくという事象も発生している。

宇宙での活動がもたらす科学、技術、データの恩恵を受けつづけるためには、宇宙船の設計や運用において、デブリ軽減に向けた既存のガイドラインをしっかりと遵守することが不可欠だ。

宇宙状況把握

米戦略軍の連合宇宙作戦センター（ＣＳｐＯＣ：Combined Space Operations Center）は、デブリを監視していて、「デブリカタログ」を公表するとともに、衛星がデブリと衝突する可能性がある場合には、衛星管理者に回避行動をとるように通知している。

デブリなどを監視することを宇宙状況把握（ＳＳＡ：Space Situational Awareness）と

図表0-1　宇宙状況把握

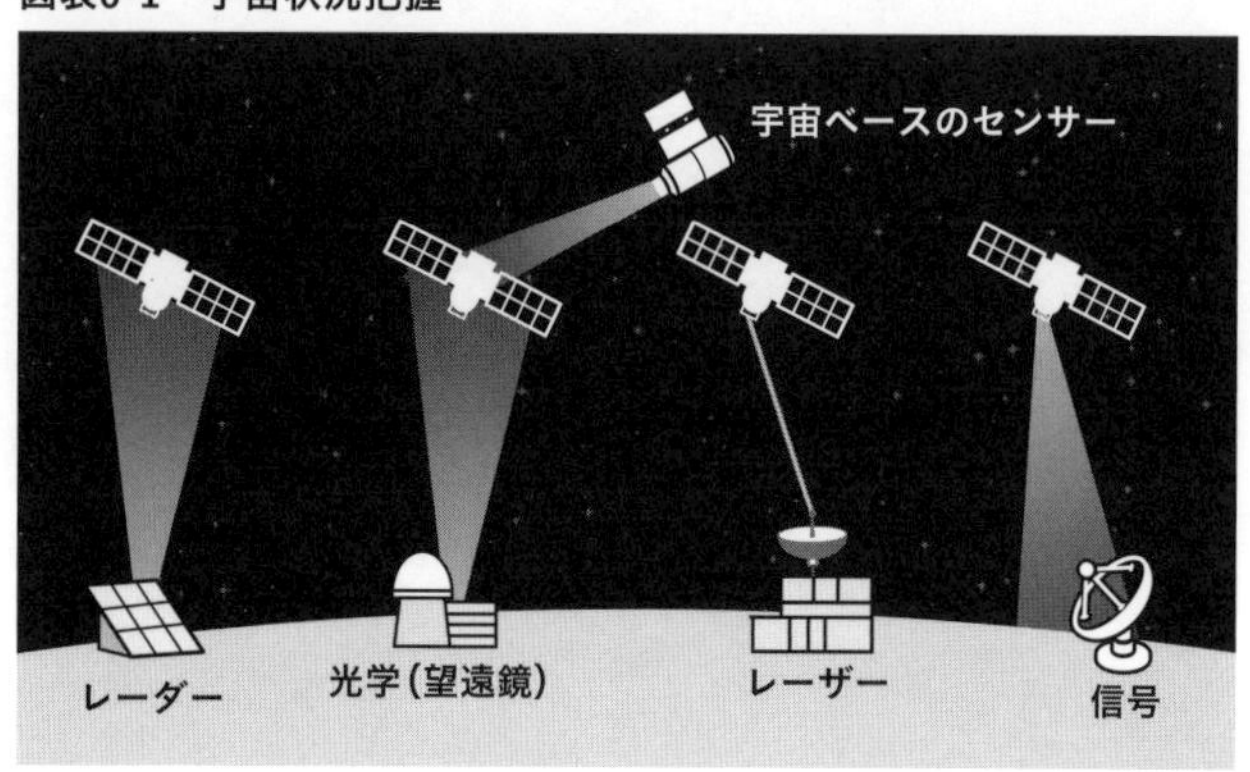

出典：DIA ,"Challenges to Security in Space"

呼ぶが、非常に重要な活動になっている。ISSでも年に1〜2回、衝突回避のための軌道変更を行っている。さらに、ISSは特殊な複合防護層を持つ「ホイップシールド」で1センチメートル以下のデブリを防いでもいる。

SSAは、宇宙空間にある目標物の現在の位置と将来の位置を追跡および予測する能力、それを標的とした場合の攻撃の有効性を評価する能力を有している。これらの能力には宇宙船に対して何らかの行動を取るアクターの意図を理解することも含まれている。

望遠鏡、レーダー、宇宙ベースのセンサーを含む宇宙物体監視および識別センサーは、SSAにデータを提供している。

しかし、SSAは、宇宙空間の状況を把握するだけだ。さらに踏み込んで宇宙の輻輳問題を解決するためには、打ち上げる衛星の数そのものを制限するなど、宇宙交通管理（ＳＴＭ：Space Traffic Management）が必要になってくる。

デブリの除去等の「軌道上サービス」

小型衛星コンステレーションなどによる宇宙機[7]やデブリなどの宇宙物体の増加による軌道上の混雑化により、衛星同士の衝突や衛星とデブリとの衝突などのリスクが増大している。また、破壊的な直接上昇型ミサイルによる衛星破壊実験、衛星同士の付きまといなどの脅威となる行為も懸念事項となっている。

以上のような軌道上の宇宙機の衝突回避やデブリを排除する軌道上サービスが求められている。将来的には、衛星の運用終了後の適切な廃棄処理が行われるとともに、能動的デブリ除去や、衛星の寿命延長に資する燃料補給・修理などの軌道上サービスが実用化され

7　「宇宙機」とは英語のspacecraftに対する日本語訳であり、「大気圏外（宇宙空間）で使用することを想定した人工物」を指す。無人機も有人機も含まれる。有人機は一般的に「宇宙船」と呼ばれ、「宇宙ステーション」も有人機に含まれる。無人機には「人工衛星」や「宇宙探査機」などが含まれる。

ることで、デブリの数が一定程度まで管理された状態を実現することが期待される。

軌道上サービスの実現に向けては、すべてのサービスで共通して利用される対象物体に近づいて作業するための、軌道上サービスの共通技術が問われる。[8] 共通技術にはマニピュレータ（ロボット等の手や腕の部分）、ランデブー・近接運用（ＲＰＯ：Rendezvous and Proximity Operations）の効率化・高度化があるが、とくにＲＰＯが重要である。ＲＰＯとは、宇宙空間において２機以上の宇宙船や宇宙ステーションなどが速度を合わせて同一の軌道を飛行し、たがいに接近する運用のことだ。

デブリに関連する「宇宙条約」と「月協定」の問題点[9]

デブリに関連して、国際的な条約や協定についても問題があるので紹介する。

１９６７年に締結された「月その他の天体を含む宇宙空間の探査及び利用における国家活動を律する原則に関する条約」は「宇宙条約」の略称で知られている。宇宙条約は「いかなる国も月やその一部を所有することはできず、天体は平和目的にのみ利用されるべきである」と定めている。

しかし、この条約は企業や個人についての記述がない。さらに宇宙資源をどのように利用できるか、また利用できないかについては何も述べていない。

　１９７９年に国連で決議された「月その他の天体における国家活動を律する協定」は「月協定」の略称で知られている。月協定は「月とその天然資源は人類共通の財産である」としている。しかし、米国、ロシア、中国はこれに署名していない。

　また、米国議会は２０１６年、米国の商業宇宙産業に対してほとんど規制のない法律をつくっている。規制がないため、デブリは「コモンズの悲劇」の一例である。コモンズの悲劇とは、ある資源を誰もが無制限に利用できるようになった場合、長期的には枯渇して使えなくなる可能性があるというものである。

　多くの利害関係者が共通の資源にアクセスすることができるが、どの利害関係者もほかの利害関係者が資源を乱獲するのを止めることができないため、資源が枯渇し、誰もが使用できなくなる可能性があるのだ。

　科学者たちは、コモンズの悲劇を避けるためには、衛星軌道上の宇宙環境を国連による

8　「宇宙技術戦略に関する考え方」、内閣府ＨＰ
9　“Analysis: Why trash in space is a major problem with no clear fix”, Science, Sep 3, 2023

保護に値するグローバル・コモンズと見なすべきだと主張している。国連が規制できるのは加盟国だけだが、加盟国が持続可能な開発の目標を推進するための国家レベルの政策を策定するのを支援するプロジェクトがある。

またNASAは、宇宙で平和的に協力するための広範だが拘束力のない原則である「アルテミス協定」を作成し、署名した。この協定には2024年5月現在で40ヶ国が署名しているが、中国やロシアは含まれていないし、民間企業も協定に加盟していない。宇宙起業家のなかには大きな野望と実力を有する者もいる。国家並みの規制が必要であろう。

宇宙探査に対する規制の欠如と現在のゴールドラッシュ的な宇宙への進出の動きは、デブリや廃棄物が蓄積されつづけることを意味し、関連する問題や危険も蓄積されているのが現状だ。

宇宙を利用したサービス

宇宙空間利用技術は、1950年代後半以降、現代社会における多くの日常活動を支えるようになった。技術の進歩と低コスト化により、社会がこれらの技術にますます依存するようになり、いままでは宇宙ベースのサービスへのアクセスが失われれば、広範囲に影響を及ぼすことになる。

宇宙を利用したサービスはたくさんあるが、宇宙安全保障に関係する六つのサービスについて以下説明する。

●位置標定、航法、タイミング

宇宙ベースの「位置標定、航法、タイミング（ＰＮＴ：Positioning Navigation Timing）」サービスを可能にしているのは、衛星航法システム（衛星測位システムともいう）であり、民間、商業、軍事ユーザーが正確な位置と現地時間を決定することを可能にするＰＮＴデータを提供している。全世界をカバーする「全地球航法衛星システム（ＧＮＳＳ）[10]」としては、米国のＧＰＳ、中国の北斗、ＥＵのガリレオ、ロシアのグロナスがある。一方、日本とインドは地域システムを運営している。

位置評定やナビゲーションについては、より効率的なルートの選定およびルート混雑の

10　Global Navigation Satellite System

回避を支援してくれる。これにより海上、陸上および航空輸送サービスを高効率化している。軍事に関しては、PNTサービスはとりわけ、航空機、戦車、艦艇などに対して、航空・陸上・海上航行上の正確なデータを提供している。

PNTサービスのうち、とくに正確なタイミングは、現代のさまざまなインフラに対する重要なサポートを提供する。正確なタイミングがなければ、金融機関は取引のためのタイムスタンプ[11]をつくることができず、国民のATMやクレジットカードの使用に影響を与え、電力会社は効率的に電力を送ることができなくなる。

●通信衛星

通信衛星は、マイクロ波帯の電波を用いた無線通信を目的として打ち上げられた衛星である。通信衛星は、音声通信、テレビ放送、ブロードバンド・インターネット、モバイル・サービス、データ転送サービスを世界中の民間、軍事、商用のユーザーに提供している。ほとんどの通信衛星は、静止軌道または準静止軌道を用いているが、最近では低軌道および中軌道の衛星コンステレーションを用いる通信システムもある。

軌道上の衛星の大半を占める通信衛星は、グローバルな通信をサポートし、地上通信ネットワークを補完する。

これらの衛星を失うと、広範囲に影響が及ぶ。例えば、１９９８年、米国の通信衛星がコンピュータ障害に見舞われた。これによりガソリン代の支払いができず、ポケットベルに依存している医師と連絡を取ることができず、テレビ局は番組を配信できなくなった。軍にとって、衛星通信は状況認識を向上させ、地上インフラの必要性をなくし、部隊の機動性を高める。

●情報、監視、偵察（ISR）

ＩＳＲ（Intelligence, Surveillance and Reconnaissance）衛星は、リモートセンシング[12]機能を提供していて、民生、商業、軍事の目的に使用されている。

民間および商業用のＩＳＲ衛星は、地球の陸、海、大気のデータを含むリモートセンシ

11 タイムスタンプとは、インターネット上の取引や手続き等が行われた時刻や電子文書の存在した日時を証明するサービスのこと。

12 遠く離れたところから、対象物に触れることなく、その形や性質を測定すること。

ングデータを提供する。地球の陸、海、大気のデータを提供するリモートセンシング衛星がなければ、人間社会は気象上の緊急事態に備える天気予報から恩恵を受けることはできない。

これらの衛星は、鉱物資源のある地域を特定する事業者の支援から、農業者が潜在的な農業災害を特定する際の支援まで、地形や環境に関するデータを提供する。これらの衛星はまた、ISRデータを提供することによって軍を支援する。これによって軍は敵の能力を識別し、部隊の動きを追跡し、潜在的な標的を突き止めることができる。

ISR衛星はまた、信号情報、警報（弾道ミサイル活動を含む）、戦闘被害評価、軍事力配置などの情報を提供することで、多様な軍事活動を支援する。

ミサイル警報は、宇宙空間と地上に設置されたセンサーを使って各国にミサイル攻撃を通知し、それに応じて防衛作戦や攻撃作戦を可能にする。通常、宇宙ベースのセンサーが発射の最初の兆候を提供し、地上ベースのレーダーがその後の情報を提供して攻撃を確認する。

●衛星指揮・統制（C2）アーキテクチャ[13]

図表0-2　衛星指揮・統制アーキテクチャ

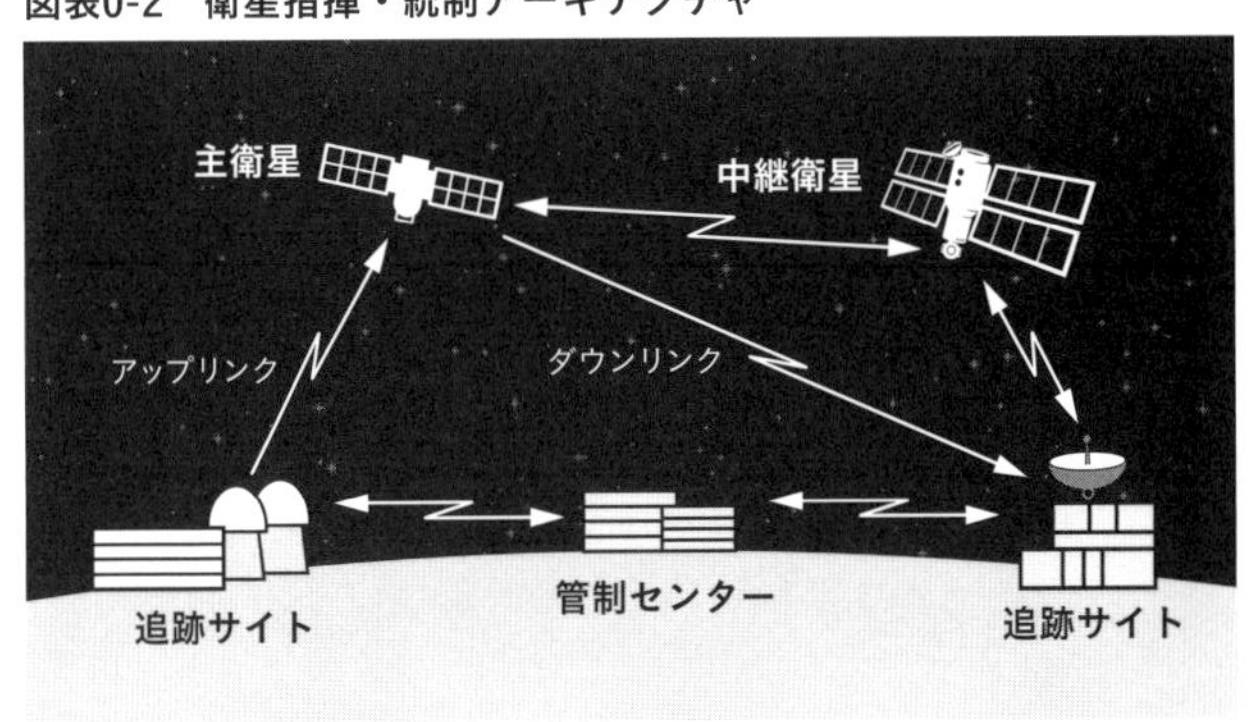

出典：DIA ,"Challenges to Security in Space"

衛星指揮・統制（C２：Command and Control）アーキテクチャ（図表０‐２参照）は、ユーザーが人工衛星を制御し通信する方法だ。地上の管制センターは指令を衛星に送るために「アップリンク」を使用する。「ダウンリンク」は、衛星から地上局（データを受信するために必要なアンテナ、送信機、受信機を備えている）にデータが送信される通信経路である。衛星の位置の関係で、地上局と衛星間の通信ができない場合、中継衛星を使って通信を可能にする。

いかなるアーキテクチャの構成要素も地上基地の物理的な脆弱性のために、宇宙ベースの装置と操作者との間の接続を妨害する電子戦（ＥＷ：Electro-

13 構築物、設計、様式。

nic Warfare〔43頁参照〕）による攻撃に対して脆弱だ。

●科学と探査

科学的な目的を達成する際に、宇宙にアクセスできないことは、技術革新に影響を与える。社会は、宇宙研究や宇宙探査活動により、地球や宇宙の本質を洞察するだけでなく、技術の進歩の恩恵を受けてきた。これら進歩の恩恵には、スマートフォンのカメラやジェットエンジンタービン用のより良い金属合金、ソーラーパネル、ポータブルコンピュータ、およびコンパクトな浄水システムなども含まれる。

●宇宙輸送

宇宙打上げ（Space Launch）とは、宇宙にペイロード（衛星などの機器）を届ける能力のことだ。宇宙打上げロケットなどは、軍事、民生、商業の顧客を支援するために衛星コンステレーション[14]を展開し、維持し、増強または再編成することができる。

14　多数の小型の衛星の一群。

図表0-3　人工衛星軌道

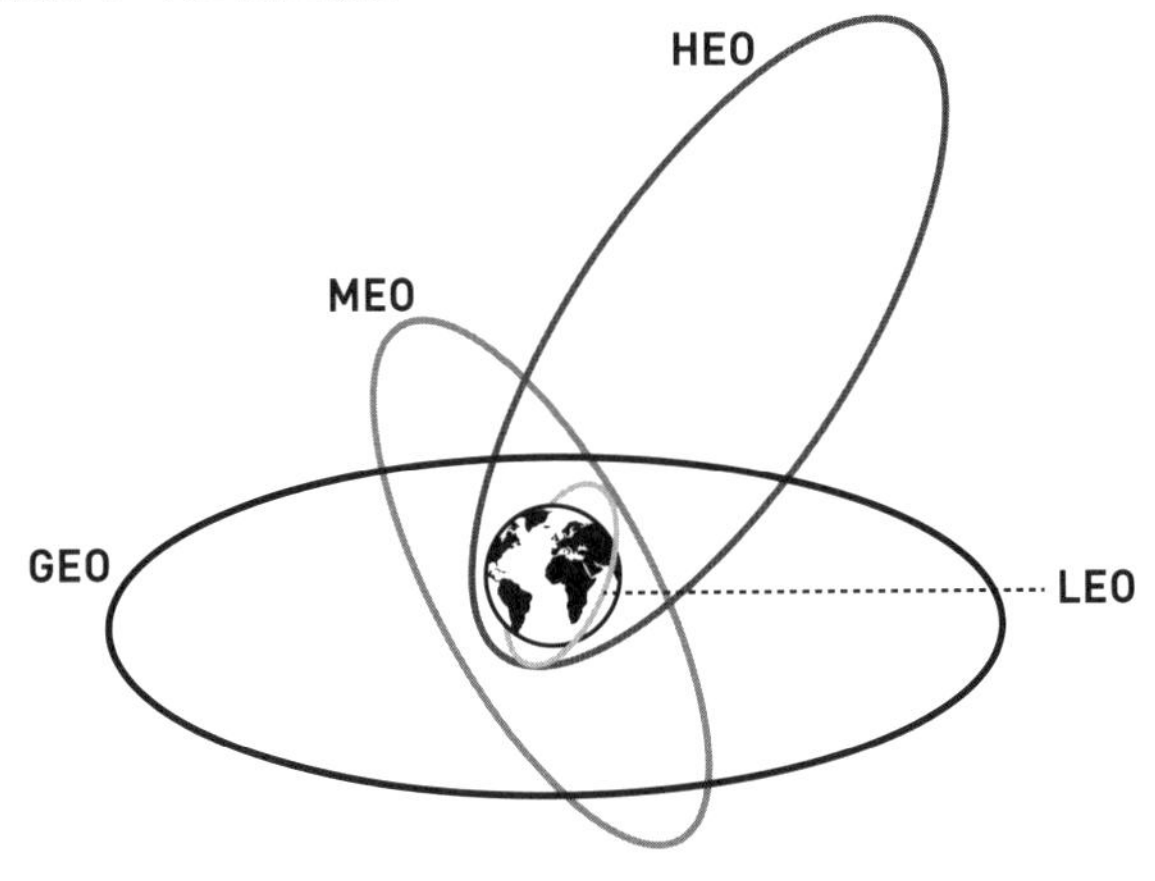

出典：DIA ,"Challenges to Security in Space"

図表0-4　各軌道の高度と用途

軌　道	高　度	用　途
低軌道（LEO）	2,000km以下	通信、ISR、有人宇宙飛行
中軌道（MEO）	2,000〜35,000km	通信、位置標定・航法・タイミング
高軌道（HEO）	2,000〜40,000km	通信、ISR、ミサイル警報
静止軌道（GEO）	36,000km	通信、ISR、ミサイル警報

出典：DIA ,"Challenges to Security in Space"

宇宙輸送は、ロケットによる衛星の打上げのみならず、月周回軌道への補給機や月面への着陸機の輸送、宇宙旅行などを実現する宇宙輸送システムによる輸送を含む。

人工衛星軌道の種類

本書では論を展開していくうえで、人工衛星軌道については4種類の軌道を前提にしている（図表0－3、0－4参照）。

四つの軌道のなかで静止軌道（GEO：Geostationary Orbit）は、赤道上空の高度3万6000キロメートルの円軌道を回るようにすると、地球を1周するのに24時間かかる。そのため、地球上からは空の一点に静止しているように見える。放送衛星や通信衛星に利用される便利な軌道だ。また、静止軌道からは地球のほぼ半分を観測できるので、広範囲を常時観測する気象衛星や弾道ミサイルの発射を探知する早期警戒衛星に適した軌道だ。

低軌道もよく使われ、最近ではスペースX社の衛星通信網スターリンクが使っている軌道だ。低高度なので通信遅延が少なく、地球を観測しやすく、多数の衛星を打ち上げやすい。そのため通信衛星、ISRでよく使われている。低軌道の欠点は、低軌道になるほど空気の抵抗を受け、寿命が短くなる点だ。

図表0-5　宇宙における対宇宙能力

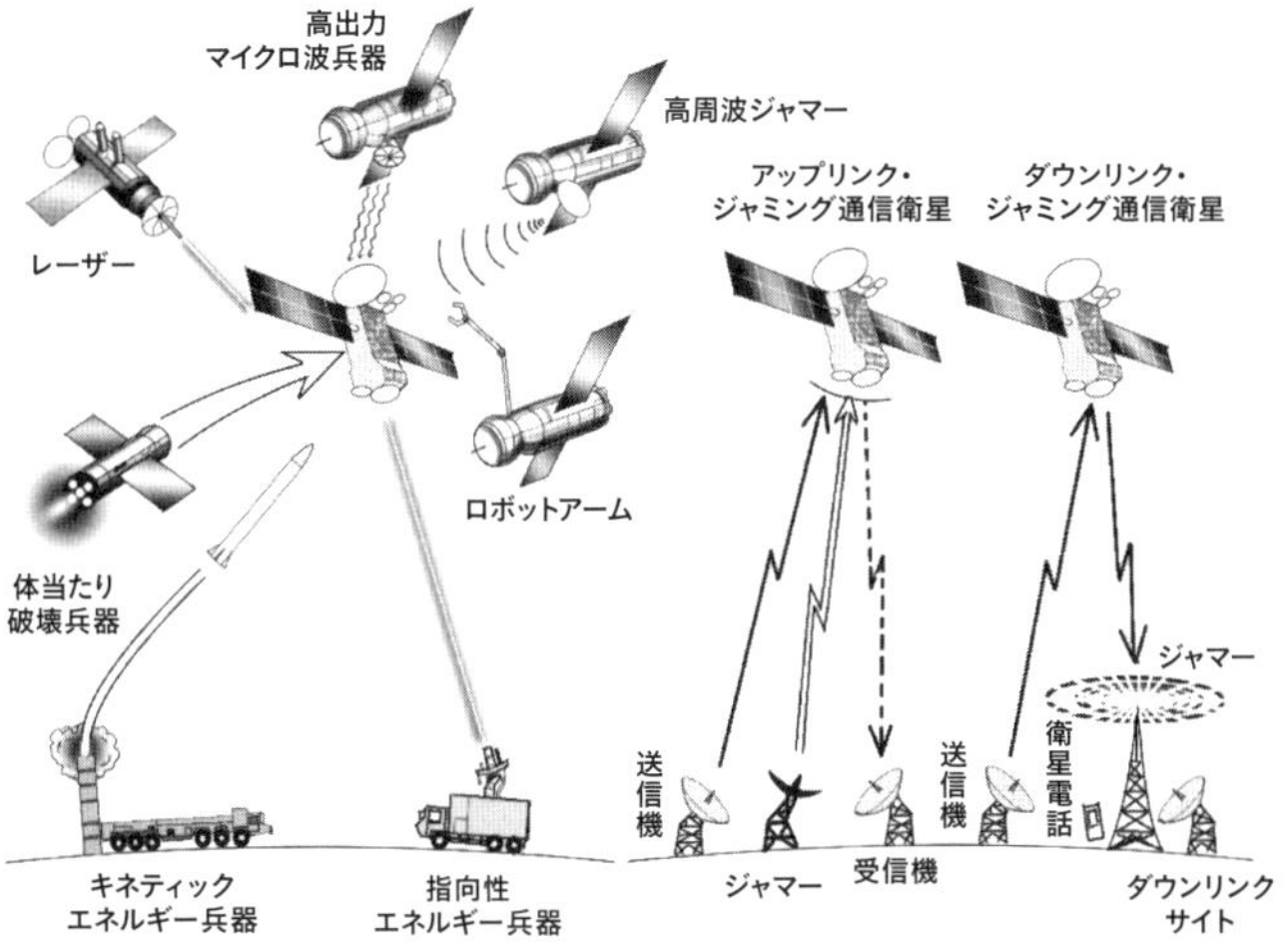

出典：各種資料から渡部作成

中軌道は、位置標定・航法・タイミングを担当する衛星航法システムに使われる軌道だ。

宇宙における主要な脅威：対宇宙能力（宇宙での攻撃能力）

日本では「宇宙の平和利用」という言葉が長く主張されてきたが、米中露は宇宙を「戦闘領域」と見なし、熾烈な競争を展開している。各国が認識している宇宙における脅威について「対宇宙能力（Counterspace Capabilities）」の観点で説明する（図表0－5参照）。

●サイバー空間の脅威

サイバー空間と宇宙空間は密接不可分な関係にある。サイバー空間は、宇宙を含むすべての戦闘領域に広がっており、宇宙での活動の多くはサイバー空間に依存し、逆にサイバー空間は宇宙での活動に依存している。衛星による指揮・統制およびデータ配信ネットワークに関する高度な知識を有する者は、攻撃的なサイバー戦能力を使い、宇宙システム、関連する地上インフラ（送信機、受信機など）、ユーザーおよびそれらを接続するリンクに対して攻撃を加え、悪影響を及ぼすことができる。

●指向性エネルギー兵器

指向性エネルギー兵器（ＤＥＷ：Directed Energy Weapons）は、レーザー、高出力マイクロ波[15]、高周波などの指向性エネルギーを目標に直接照射して、目標を破壊、損傷、無力化する兵器だ。とくにレーザーは、真空の宇宙では大気による減衰がなく、長距離の攻撃が可能になる。

ＤＥＷは、一時的な効果（一時的な機能の停止、軽微な損傷など）から恒久的な効果（破壊）までさまざまな効果をもたらすことができ、種類によっては、相手側がＤＥＷ攻撃源を特定するのが困難な場合がある。

●キネティックエネルギー[16]の脅威

対衛星ミサイルは、固定式または移動式の発射システム、ミサイル、キネティック殺傷車両から構成され、標的である衛星を破壊するように設計されている。これらの兵器は航空機から発射することもできる。キネティック殺傷車両は、搭載された目標検知装置を使用して標的衛星を捕捉する。地上発射のＡＳＡＴミサイル攻撃は、ＤＥＷのような他の対宇宙兵器よりも簡単に攻撃者を特定でき、その攻撃の結果として多数のデブリを発生させてしまう。

●電子戦

電子戦（ＥＷ）は、妨害および騙（だま）す（スプーフィング）技術を使用して、電磁波領域

15 マイクロ波は、電波のなかでも周波数が３００ＭＨｚから３００ＧＨｚ（波長にすると1メートルから1ミリメートル）の電波。
16 キネティックエネルギーは運動エネルギーのこと。キネティック殺傷とは運動エネルギーを使った殺傷のこと。

（電磁スペクトル）[17]を戦場として活動する。ＥＷは、目には見えない性質上、意図しない干渉との区別が困難な場合がある。

アップリンク妨害は衛星に向けられ、衛星受信エリアの全ユーザーに対するサービスを損なう。ダウンリンク妨害は、地上ユーザー（例えば、衛星ナビゲーションを使用して自己位置を決定する地上部隊）に向けられるため、局所的な影響がある。

スプーフィングとは、誤った情報を含む偽の信号を受信者に送信することで、ＧＰＳ情報を無効化するＧＰＳスプーフィングなどが代表例だ。

●同一軌道上の脅威

軌道上の衛星または宇宙ベースのシステムのなかには、ほかの宇宙船や衛星に対して一時的または永続的な影響（機能の無力化、破壊）を与えることができるものがある。これらの衛星には、高出力マイクロ波兵器、高周波ジャマー[18]、レーザー、化学剤スプレー、相手の衛星に衝突し破壊するキネティック・キル移動体、相手の衛星を破壊するロボットアームなどを搭載したものがある。これらの衛星のなかには、衛星の整備や修理、デブリ除去のためのロボット技術のように、平和的利用を目的としたものもあるが、軍事目的に利用できるものがあることには留意しておく必要がある。

安全保障における宇宙の重要性[19]

宇宙ベース（宇宙に根拠を置く）の能力は、軍事のみならず商業などの民間の用途に不可欠な支援を提供している。宇宙ビジネスへの技術およびコスト面での参入障壁は低下し、多くの国々や企業が人工衛星の開発、衛星打上げのためのロケットの開発、衛星打上げビジネス、宇宙探査、有人宇宙飛行に参加できるようになった。

この進歩は新たなビジネスチャンスを生み出しているが、宇宙ベースのサービスには新たなリスクも生じている。一部の国家、とくに中国とロシアは宇宙空間において米国に対抗し、他国の宇宙利用を脅かす能力を向上させてきた。以下に、安全保障における宇宙の重要性を箇条書きにする。

17 存在するすべての電磁波の周波数帯域のこと。
18 高い周波数を使って電波妨害を行う装置のこと。
19 米国の国防情報局（DIA：Defense Intelligence Agency）、〝宇宙における安全保障への挑戦（Challenges to Security in Space）〟

・中国とロシアの軍事ドクトリンは、宇宙を現代戦にとって不可欠な空間と認識し、その対宇宙能力（英語ではカウンター・スペースといい、宇宙で相手の衛星等を攻撃する能力）は、米国とその同盟国の軍事能力を低下させる切り札だと考えている。中露は宇宙活動の重要性を認識し、2015年に軍の再編を行っている。

・米中露は、宇宙ベースの情報収集、監視、偵察などの重要な宇宙サービスを開発してきた。また、宇宙と地球を往復するシャトル機や衛星航法衛星群などの既存システムの改良も進めている。これらの能力は、世界中の軍隊を指揮・統制する能力を軍に提供するとともに、状況認識能力を高め、軍隊を監視・追跡・標的とすることを可能にしている。

宇宙能力は、ミサイル発射の警告、位置情報と航法（例えば、GPSを利用するカーナビは自己位置を確認しながら目的地に到着できる。GPSは車だけではなく、船、航空機でも利用されている）、ターゲティング（攻撃目標を特定すること）、敵の活動の追跡など、多くの軍事作戦の中核の手段になっている。

・米中露の宇宙監視ネットワークは、地球軌道上にあるすべての衛星を探索、追跡し、その衛星の特徴に基づき識別することができる。この機能は、宇宙での運用と対宇宙システムの両方をサポートする。

・米中露は、通信妨害能力、サイバー戦能力、指向性エネルギー兵器、同一軌道上で相手の衛星を攻撃する能力、さまざまな効果を達成できる地上配備の対衛星ミサイルなどを開発している。
・米国は宇宙で他国に対する優位性を保持する一方で、宇宙に多くを依存するという弱点も持っていることから、関係国、とくに中露は宇宙における米国の立場に挑戦するさまざまな手段を開発している。これらの能力向上は、軍事、商業などの民間用途の宇宙ベースのサービスに脅威をもたらしている。
・国連は、宇宙の軍事化を制限する協定を推進している。しかしながら、これらの提案は多くの宇宙戦能力に対応できておらず、中国とロシアが対宇宙兵器を開発するのを検証するメカニズムも欠如している。
・1967年の宇宙条約は、大量破壊兵器を宇宙空間に置くことを禁止し、また、宇宙を軍事基地、軍事実験、軍事演習に使用することを禁止している。米国、中国、北朝鮮、ロシアなど107ヶ国は宇宙条約を批准しているが、実態は宇宙条約に違反する事例が散見される。

ターゲティングと宇宙戦

衛星等の宇宙能力を理解してもらうために、ターゲティングについて説明する。

米空軍のドクトリン文書[20]によると、〈ターゲティングとは、攻撃目標である人・部隊、兵器、施設などを物理的に破壊するために、ターゲット（標的）を選択し、優先順位を付け、最適の攻撃要領を決定するプロセスである。〉と定義づけられている

ターゲティングは、キネティックな戦いである火力の発揮に不可欠な要素だ。ウクライナ軍のターゲティング枠組み（targeting framework）を支えている非常に重要な装備品が衛星であることを強調しておきたい。

ウクライナ軍は、射程距離80キロメートルの高機動ロケット砲システム（ＨＩＭＡＲＳ〔ハイマース〕）を見事に運用し、ロシア軍の指揮施設、武器庫等の補給施設、陣地、さらには高官さえも高い精度で攻撃して大きな成果を出した。

ウクライナ軍は、独自のＩＳＲ（情報・監視・偵察）衛星を持たずに、ＨＩＭＡＲＳを上手に運用しているが、その背後にあるターゲティング枠組みは重要である。

ウクライナの爆弾、ロケット弾、その他の長距離攻撃が驚くべき精度で標的を捉えているのは単なる偶然ではない。ウクライナが戦場の状況認識において示している一貫した優

位性は、優れた用兵の妙だけから生まれたものではない。

ウクライナ軍の善戦は、勇敢な地上部隊と米国等に供与された兵器・弾薬だけでもたらされたものではないことを強調したい。ウクライナは、米国、NATO、およびそれらに関連する商業宇宙部門の比類のない宇宙パワーを積極的に活用しているのだ。世界最高の宇宙インフラとターゲティング枠組みの支援が紛争のバランスを決定的に変えたことは明らかだ。

ウクライナのミサイル部隊の指揮官は、HIMARSによる攻撃について、以下のように発言している。

〈・ウクライナ軍のHIMARSの射撃は米国の精密ターゲティングに依存している。

・欧州各地に拠点を置く米軍関係者から提供される詳細な座標なしに、HIMARS弾を発射することはほとんどない。

・ウクライナの西側同盟国はハルキウ反撃に先立って目標の座標を提供した。ウクライナ軍の急速な反撃でロシア軍の準備が整っていない状況下、多連装ロケット砲システ

20 AIR FORCE DOCTRINE PUBLICATION 3-60, "TARGETING"

ムで的を外さないようにするための正確な座標を、ウクライナ側が受け取るというプロセスを練り上げていた。〉

宇宙能力を活用した包括的なターゲティング枠組みを提供することにより、総合戦力で劣ったウクライナ軍がロシア軍と戦い、驚くべき成功を収めることが可能になった。

この紛争は、おもに地上軍を中心とした紛争であるが、優れた宇宙能力がいかに戦況を有利にすることができるかを示している。

オール・ドメイン戦（全領域戦）と宇宙戦

筆者は、現代戦であるロシア・ウクライナ戦争を「オール・ドメイン戦（All-Domain Warfare)」をキーワードとして分析してきた。

図表0-6　オール・ドメインとは

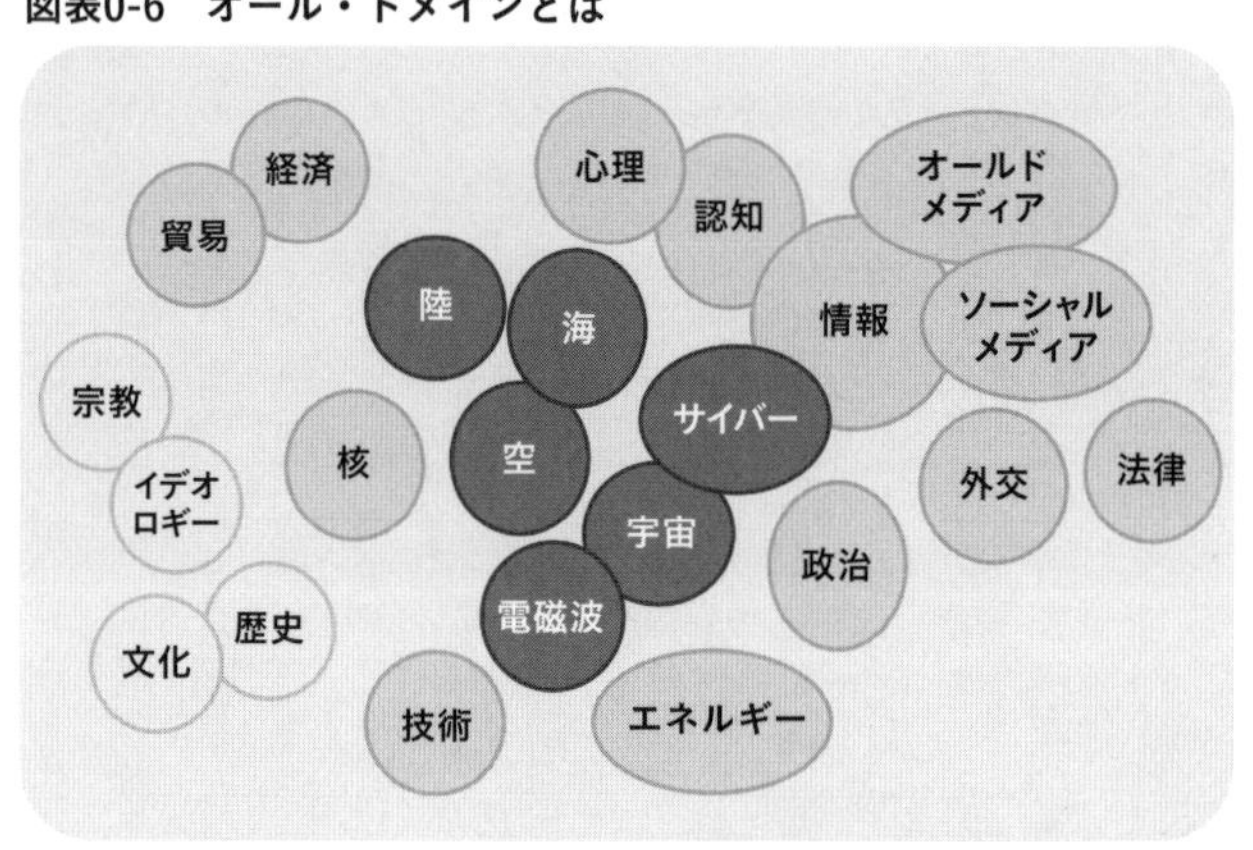

出典：渡部作成

ドメインとは「戦う空間（領域）」のことだ。図表0－6を見てもらいたい。戦争における伝統的なドメインとして陸・海・空のドメインが存在する。最近では宇宙・サイバー・電磁波のドメインが重視されている。防衛省・自衛隊は、この六つのドメインを重視して戦おうとしている。六つのドメイン以外のドメインとしては、情報・認知・技術・政治・外交・経済・文化・宗教・メディア・歴史など多数ある。なお、認知領域はヒューマン・ドメインとも呼ばれ、人間の脳や心を中心としたドメインである。認知戦においては、この認知領域に働きかけて、人の意思決定や行動に影響を与えることを目指す。

この図を見ても分かる通り、各ドメインには重複部分もあり、密接に関係している。

筆者がオール・ドメイン戦を強調するのは、国家の指導者はオール・ドメインを考慮して戦争指導をしなければいけないと思うからだ。例えば、戦時下にあるウクライナの最高指揮官であるウォロディミル・ゼレンスキー大統領を観察すると明らかだが、あらゆるドメインを考慮して戦争指導をしていることが分かる。

なお、各々のドメインを舞台とする戦いがあり、陸戦、海戦、空戦、宇宙戦、サイバー戦、電磁波戦[21]などと記述される。

数多くあるドメインのなかで、現代戦において最も注目すべきは宇宙であり、宇宙戦が現代戦において決定的な要素であることを、以後本書で説明していきたいと思う。

宇宙をめぐる米中の覇権争い[22]

防衛省は宇宙、サイバー空間、電磁波領域を新たなドメインとして重視するようになった。しかし、米中露にとっては、宇宙は過去50年以上、軍事や安全保障で使われてきた既存のドメインだということを認識する必要がある。つまり宇宙は戦闘領域なのだ。

前述の宇宙におけるさまざまな攻撃手段の開発により、宇宙における覇権争いは激化している。とくに米中の覇権争いは熾烈(しれつ)である。

米国は、宇宙分野における組織と技術的専門知識、活気に満ちた宇宙ビジネス部門、宇宙のリーダーシップと、多くの国際的なパートナーシップの長い歴史を持っている。これらは、宇宙における米国の中国に対する優位性を示している。実際、中国が宇宙で行おうとしていることの多く（例えば有人宇宙船による月面着陸）は、米国がすでに達成したことだ。

しかし、宇宙における世界のリーダーとしての地位を確立しようとする中国の努力と国家ぐるみのコミットメントは、米国の国益とこれまで確立してきた多くの成果を損なう可能性がある。

宇宙能力における中国の相対的な進歩は、米国が宇宙での戦略的関心をここ6年から8年間失っていたという事実に起因し、中国に米国との差を縮める機会を提供した。

現在、米国の宇宙商業部門は、主要な技術でリーダーシップを発揮するという中国の計画によって打撃を受けるリスクがある。例えば、米国は２０２５年に国際宇宙ステーションへの支援を終了する予定だったが、２０３０年まで延長された。これは、中国政府が２０２５年以降において中国の宇宙ステーションを他国に提供し、国際協力の場として活用しようと計画しているためだ。

21 電磁波戦の主体は電子戦であり、そのほかには大気圏などでの核爆発によるＥＭＰ（電磁パルス）攻撃がある。ＥＭＰ攻撃は、相手のＣ４ＩＳＲシステムなどの破壊または機能低下を目的とする（２１３頁参照）。

22 US-China Economic and Security Commission, 2019 Report to Congress SECTION 3: CHINA'S AMBITIONS IN SPACE:CONTESTING THE FINAL FRONTIER

第一章

イーロン・マスクとロシア・ウクライナ戦争

世界で同時発売された伝記『イーロン・マスク』[23]は、世界的なベストセラーになっているが、この類稀な実業家がいかにして、ペイパル（金融決済）、テスラ（電気自動車）、スペースX[24]（宇宙開発）を創業し、X（旧ツイッター）を買収したかを知ることができる。

とくにスペースXの成功によりマスクの影響力は広範囲に及んでいる。一民間人が自動車の未来、宇宙開発、SNSに至るまで、これほど広範囲な分野で世界に影響を与えたり、ロシア・ウクライナ戦争という国家間の戦争に決定的な影響を与える存在になっている。

米国の宇宙開発の発展は、NASA（航空宇宙局）をはじめとして国家主体で行われてきたが、この潮流を大きく変えたのが民間会社スペースXの登場である。スペースXが達成した業績は、米国の宇宙開発に大きな貢献をしている。つまり、マスクは宇宙の安全保障においても歴史上稀有な存在になっているのだ。

スペースX

スペースXは2002年、人類を火星に送ることを目的に設立された会社だ。マスクは「スペースXは、あらゆることを火星に行くというレンズを通して考え、決断する」と言っている。彼の遠大な野望には驚きしかない。

彼はまた「命がけの戦いこそ、前に進みつづける原動力なんだ」とも言っている。寝食を忘れたハードワークこそスペースXやテスラの成功の根源である。

スペースXは、NASAから国際宇宙ステーション（ISS）への物資輸送契約を獲得したが、その原動力になったのが打上げロケット「ファルコン9」と宇宙船「クルードラゴン」だった。その当時、スペースXが保有していたロケットは「ファルコン1」で、低周回軌道への打上げ搭載量が670キログラムだった。これではISSへの物資輸送のためには能力不足だった。そのために開発したのが「ファルコン9」であり、低周回軌道への打上げ搭載量が2万2800キログラムと大幅に能力アップした。打上げは2010年6月4日に行われて成功した。「ファルコン9」はマスクの厳しい指導により、徹底的に低コスト化されているが、高い信頼性を誇る優秀なロケットである。打上げ価格は6700万ドルでほかの同規模ロケットと比較してはるかに安価だ。

スペースXは2020年、「ファルコン9」を使って宇宙船「クルードラゴン」を打上

23 ウォルター・アイザックソン著、井口耕二訳『イーロン・マスク㊤㊦』文藝春秋

24 Space Exploration Technologies Corp.

げ、宇宙飛行士をＩＳＳに送り届けることに成功した。米国はスペースシャトルを２０１１年に退役させて以来、宇宙飛行士がＩＳＳと地球間を往復する手段を持たなかった。そのため、ロシアの宇宙船を利用せざるを得なかったが、スペースＸは米国のロシア依存の状況を一変させたのだ。

なぜスターリンクはウクライナの必須のインフラになったのか

スターリンク（Starlink）は、スペースＸの一事業として、２０１４年末に設立された衛星インターネット・サービスだ。マスクは「インターネットの市場規模は年に1兆ドル。その3パーセントを獲得できれば３００億ドルで、ＮＡＳＡの予算以上になる。だからスターリンクを立ち上げ、火星に行く資金の足しにしようと思った」と証言している。

スペースＸのＣＥＯとしてのイーロン・マスクとロシア・ウクライナ戦争とは、スターリンクを通じて密接不可分な関係にある。以下、詳しく説明する。

スターリンクは、５０００基以上（２０２３年8月現在）の小型衛星で構成されている。スターリンク衛星は、地球を周回する全活動衛星の約53パーセントを占めている。マスクは、今後数年間で4万２０００基もの衛星を軌道に乗せる計画だ。

図表1-1　スターリンクの仕組み

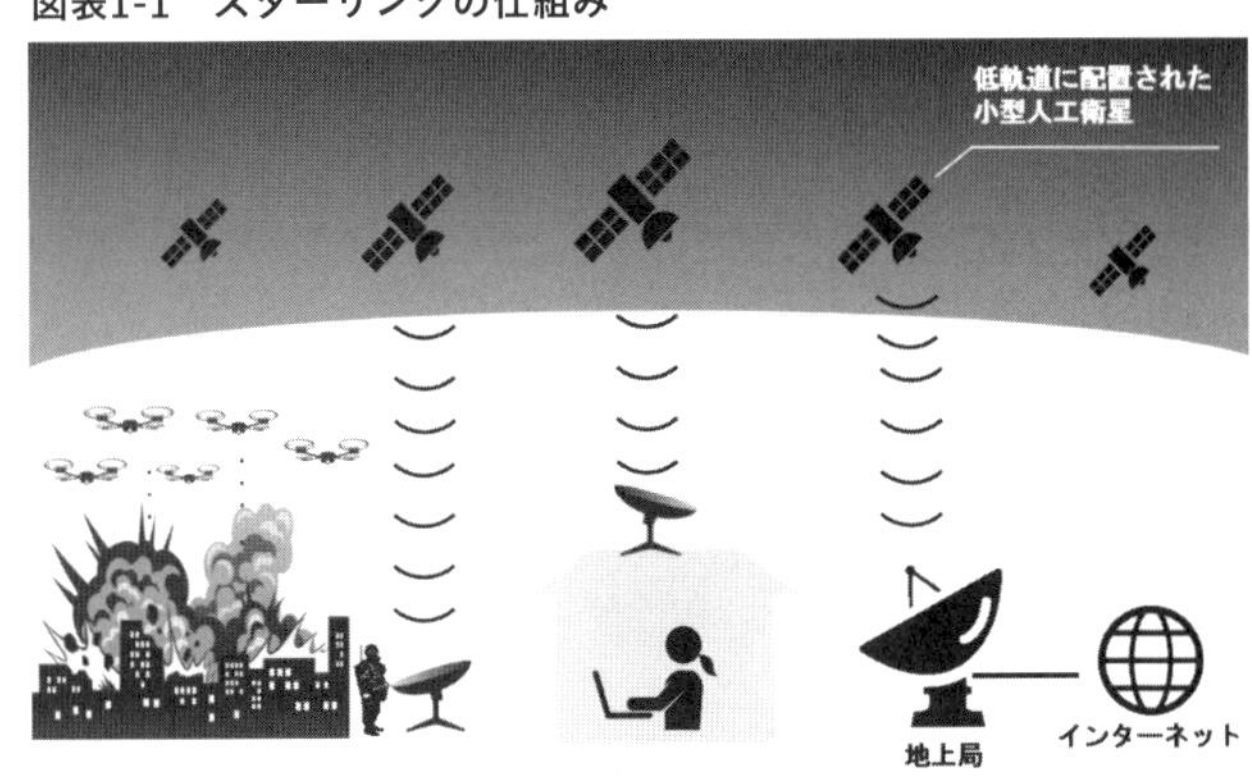

出典：渡部作成

この多数の衛星群を衛星コンステレーションという（図表1－1参照）。つまり、スターリンクは衛星コンステレーションによるインターネット網であるが、ウクライナがロシア・ウクライナ戦争を遂行する際に必要不可欠な存在になっている。ロシア・ウクライナ戦争ほど、スターリンクの力、そしてマスクの影響力を示した出来事はない。一方で、マスクがこの戦争に大きな影響を及ぼす状況に、多くの安全保障関係者が懸念を表明するようになっている。

スターリンクがウクライナに導入されたのは、ロシアがウクライナに侵攻した2022年2月24日から数日後のことだ。ロシア軍は、侵略開始直後にサイバー攻撃によって、高速通信会社ヴィアサット（Viasat）が運営する衛星システムをダウンさせてしまった。ヴィアサットによると、同社の「KA－SAT」というネットワークが攻撃されてサービスが中断したという。攻撃者は、KA－SATネットワークの管理部分へのリモートアクセス権を手に入れ、地上からネットワークに侵入し、攻撃した。衛星自体や衛星地上インフラそのものが直接被害に遭ったわけではない。

ウクライナはこのヴィアサットを使用していたために、ウクライナのインターネット網は寸断され、ウクライナ軍のみならず国内のあらゆる組織がインターネットを使用できなくなった。

写真1-1 「スターリンク」の端末

出典：AFP＝時事

ウクライナの副首相兼デジタル担当大臣のミハイル・フェドロフは、この緊急事態にマスクに助けを求めるメールを送信した。フェドロフに成算があったわけではないが、マスクはメール受信から数時間後にフェドロフに「スターリンクがウクライナで起動した」と伝えた。その数日後、大量のスターリンクの端末（写真1－1参照）がウクライナに無償で到着し、ウクライナのインターネット網が復活したのだ。

この端末は、森、野原、村、そして軍用車両などあらゆる場所に設置され、ウクライナ軍の指揮・統制・通信・情報活動を支え、ロシア軍に対抗できるようになった。

スターリンクのお陰で、司令官、ドローンのパイロット、砲兵部隊がオンラインでチャットしながらドローン映像を共有することができるようになった。目標を発見してから攻撃するまでの時間は、それまで20分近くかかっていたのが1分程度に短縮されたという。

フェドロフは、「スターリンクが救った人命は数千にのぼる。これは我々の成功にとって不可欠な切り札である」とその重要性を強調している。

ウクライナには現在、4万2000個以上のスターリンク端末が存在し、軍、病院、企業、援助団体によって利用されている。広範な停電を引き起こした2022年のロシアの爆撃作戦中でも、ウクライナの公共機関はスターリンクを利用し、インターネットを維持することができた。[25]

25 Adam Satariano, "Elon Musk's Unmatched Power in the Stars", The New York Times,July 28, 2023

なぜイーロン・マスクの影響力は問題なのか

2023年3月17日、米統合参謀本部議長マーク・ミリー大将とウクライナ軍総司令官ヴァレリー・ザルジニー大将は、ロシアのウクライナ侵攻について話し合った。ふたりの軍トップは、防空システム、リアルタイムの戦場評価、ロシアの軍事的損失について協議したが、イーロン・マスクについても話した。

ザルジニー大将は、マスクのスターリンクについて話題を提供した。彼は、ウクライナの戦場での決断は、スターリンクの継続的な使用に依存しており、アクセスを確保し、サービスのコストを賄う方法について議論したいと述べた。彼はまた、「膨大なビジネス利益と不透明な政治スタイルを持つマスクについて、米国は評価をしているのか」と尋ねたが、米政府関係者は何も答えなかったという。[26]

マスクは、ミリー大将を含む何人かと良好な関係を保っている。数年前、ミリーが米陸軍参謀総長だったときにふたりが会って以来、「人工知能、電気自動車、自律型機械など、AIの戦争への応用」について議論してきたという。ミリー大将は、「マスクは、戦争の性格の根本的な変化と米軍の近代化に関する私の考えを形成するのに役立つ洞察力を持っている」と評価している。

マスクは、戦略的に重要な衛星インターネットの分野で着実に力を蓄え、宇宙に関する最も支配的なプレーヤーとなった。スペースXは現在、NASAが米国内から宇宙へクルーを輸送する唯一の手段であり、この状況はあとしばらく続くだろう。

しかし、規制や監視がほとんどないなかで、この億万長者はときに予測不可能な方法で権威を振りかざすなど、彼の不規則で個性的なスタイルは、世界中の軍や政治指導者を不安にさせている。ウクライナや欧米の政府関係者の間では、マスクが宇宙技術を掌握していることに対する懸念が高まっている。

例えば、2022年9月、ナンシー・ペロシ下院議長（当時）らが出席したコロラド州アスペンでの世界とビジネスに関する私的イベントで、マスクはロシアがウクライナの土地を併合することを許す和平プランを提案した。この提案は多くの出席者を激怒させた。

●マスクが米国防省に4億ドル（約580億円）の支払いを要求

2022年秋には、マスクがウクライナにスターリンクのサービスを提供することに疑

26 Adam Satariano, "Elon Musk's Unmatched Power in the Stars", The New York Times,July 28, 2023

問を投げかけるような発言を繰り返したことで、事態は紛糾した。彼は当初、ロシアに侵略されたウクライナに惜しみない支援を約束し、無償でサービスを提供していた。マスクに支援を要請したフェドロフが現地で機材の写真をツイートすると、励ましの返事をしたこともあった。

しかし戦争が進むにつれ、マスクはその費用負担に難色を示しはじめた。スペースXの販売ディレクターは2022年9月、「我々はウクライナにさらに端末を寄贈したり、既存の端末に無期限で資金を提供したりする立場にはない」と米国防省に書簡で伝えた。マスクはまた、自分の技術が戦争に利用されている事実に不安を募らせていた。[27]スペースXは、ウクライナ全土にインターネットアクセスを提供し、ウクライナ軍が攻撃を計画したり、自衛できるようにしていた。しかし、ウクライナ軍がロシア占領地域に入ったため、インターネット接続が切断された。

さらに憂慮すべきことに、スペースXは、米国防省に最後通牒を突きつけたのだ。マスクは、「ウクライナでサービスを提供するコストを負担しないのであれば、いつでもアクセスを遮断する。そうなれば、ウクライナは作戦に大きな悪影響を受けることになる」と脅したのだ。ウクライナにおけるスターリンクのサービス料金を誰が負担するのかについて、スペースX社は当初、費用の一部を負担し、米国やほかの同盟国も資金を提供していた。九月、スペースX社は米国防省に対し、この協定を継続することはできないと伝え、米国防省に資金を引き継ぐよう要請した。同社は1年間で4億ドル（約580億円）近い費用がかかると見積もっていた。

ジョー・バイデン政権は国防省の政策担当次官コリン・H・カールに仲介を指示した。カール次官がマスクと調整した際に、マスクは「ウクライナがスターリンクを使って自国を防衛するだけでなく、ロシアが支配した領土を取り戻すための攻撃作戦を行い、ロシア軍に多大な犠牲者を出す可能性がある」と懸念を示したという。カールはマスクに、「スターリンクが停止すればウクライナのより多くの人々が苦しむことになる」と伝えた。マスクはそれにもかかわらず、ウクライナのスターリンク端末の一部のアクセスをオフにした。2022年末、英国のサプライヤーを通じて購入した約1300台のスターリンク端末について、ウクライナ政府が1台あたり月額2500ドルの料金を支払えなかったため、同国での稼働を停止したという。

27　Ronan Farrow, "Elon MuskK's Shadow Rule", The New Yorker, August 21, 2023

ロシアが領土を獲得し、ウクライナがそれを取り戻すために戦ったため、スターリンクへのアクセスも戦争の動きによって変動した。戦線が移り変わるにつれ、マスクはジオフェンシング（Geofencing）[28]と呼ばれるプロセスを使って、前線でスターリンクが利用できる場所を制限した。スペースX社は、自社のサービスによって収集された位置情報を使って、ジオフェンシングの制限を実施したのだ。これが問題を引き起こした。

ウクライナ軍が秋にロシア支配地域のヘルソンなどの都市を奪還しようとした際、通信するためにインターネットアクセスを必要とした。フェドロフと軍隊のメンバーは、マスクとスペースXの従業員にメッセージを送り、軍隊が進軍している地域でサービスを復旧するよう要請した。フェドロフによると「スペースXは非常に迅速に対応した」という。

●スターリンクがサービスを受ける地域をコントロール

スターリンクはウクライナのロシア支配地域ではサービスを提供していない。ウクライナ軍は2022年秋にロシアが支配する地域を奪還したため、サービスを受けられない時期があった。ドニプロ川を含むウクライナの地図を見ると、スターリンクが機能する地域はウクライナの支配地域に限られており、ウクライナ軍がロシアから奪還している地域では、スターリンクは機能停止していた。

マスクのレッドラインはほかにもあった。ウクライナ軍が2022年、「黒海に停泊しているロシア船に対して爆発物を満載した海上ドローンで攻撃したい。ついては、クリミア半島付近へのスターリンクのアクセス権を提供してもらいたい」と要請したのに対して、マスクはその要請を拒否した。マスクはのちに、スターリンクは長距離無人機攻撃には使えないと述べている。彼は2月、「第三次世界大戦に繋がるような紛争の激化は許さない」とツイートした。彼は、自分の役割の道徳的ジレンマを真摯に乗り越えようとしているのだと言った。

ほかの米政府高官も意見を述べた。ロイド・オースティン国防長官は6月、国防省が新たに400〜500台のスターリンク端末とサービスを購入する契約を承認した。この契約により、国防省はウクライナ国内でスターリンクのインターネット信号が機能する場所を設定し、それらの新しい端末が「重要な能力と特定の任務」を遂行できるようにコント

28 特定地域に仮想的な「フェンス（柵）」を作る仕組みのこと。フェンスを設定することにより、特定ユーザーがインターネット端末を持ってフェンス内に出入りする際に、適切な情報を入手することができる。

ロールできるようになったという。これは、ウクライナに専用端末とサービスを提供することで、中断を恐れることなく重要な作戦を遂行することを意図しているようだ。

スターリンクは商品だ。武器ではない。そのためマスクが「スペースX社は、ウクライナ向けのスターリンクへの資金提供を続けられない」と発言するなど、米国の利益に沿わない行動をとることがある。このように、企業や個人が、戦争のさなかに米国の外交政策に公然と反対するのは珍しいことで、その背景にはマスクの予測不可能な性格がある。

マスクの行動はまた、ウクライナ政府関係者を分裂させた。ヴォロディミル・ゼレンスキー大統領の顧問であるミハイロ・ポドリヤクは2月、「スペースXはどちらの味方となるか選ぶ必要がある」とツイッターで述べた。しかしフェドロフは、マスクのコミットメントに関する質問は不当だと述べている。11月にウクライナが激しい砲撃を受けて大規模な停電に直面したとき、マスクは約1万台のスターリンク端末の配送を早める手助けをしたとフェドロフは述べた。「スペースXとイーロン・マスクは、自分たちが実際に誰の味方なのかを行動で示している」とフェドロフは反論している。

●スターリンクの代替となる手段がない現状

低軌道通信衛星コンステレーションを扱う組織はスペースX社のスターリンクだけではない。国際電気通信連合に申請された7社の衛星打上げ計画を合計すると、今後数年間で7万1000基近い衛星が打ち上げられ、そのうち約4万2000基がスターリンクの衛星である。しかし、他社がマスクの宇宙における支配力にすぐに並ぶことは難しいだろう。例えば、アマゾンの創立者ジェフ・ベゾスが設立したブルーオリジン社は5月、最初の衛星2基を軌道に乗せる準備をしたが、ロケットの試験で問題が見つかり、打上げを延期されるなど、苦戦している。

スペースX社の優れた点は、小型衛星を大量・迅速・安定的にしかも安価に宇宙に打ち上げる点にある。これを可能にしたのがロケット第一段再利用技術の獲得である。スペースX社は、2015年12月、「ファルコン9」のロケット第一段の逆噴射による着陸・回収に成功した。その後も継続的に、第一段ロケットを回収し再利用することに成功している。

ほかの国や組織が大量の小型衛星を打ち上げようとした際に、頼らざるを得ないのがスペースXである。ここにスターリンクが低軌道通信衛星コンステレーションに圧倒的に強い理由がある。スペースXに対抗しようとしているのが中国であり、いずれ第一段ロケットを回収し再利用する技術を獲得するであろう。

中国のスターリンクへの対応

マスクのスターリンクは中国と台湾に懸念をもたらしている。これは興味深い現象だ。まずは中国の懸念を検証してみよう。スペースXの人工衛星と当時未完成だった中国の宇宙ステーションが2度（2021年7月1日と10月21日）接近遭遇し、中国は回避行動で対応せざるを得なかった。中国はこれらの事故を受け、2021年12月にスターリンクに対する懸念を表明した。

　中国が恐れているのは、マスクが中国の領土内でスターリンク接続を提供することだ。もしもこれが実現すると、中国が国家レベルのインターネット検閲・ブロックシステムとして構築している「グレート・ファイアーウォール（万里の長城）」（＝金盾（きんじゅん））にとって脅威となる。金盾でスターリンクを完全にはブロックできない可能性があるからだ。

　マスクは2022年、『フィナンシャル・タイムズ』紙に〈インターネットが国家によって管理・検閲されている中国国内では、スターリンクをオンにしないという確約を北京は求めた。〉〈北京はスターリンク端末の中国国内での販売を望んでいない。〉と述べている。マスクはさらに〈衛星接続を望んでいない国で衛星接続を提供することは、技術的に難しい。〉と答えている。マスクは、中国政府を怒らせるとテスラの中国での投資が危うくなることをよく理解している。

将来的に、中国が低軌道衛星ネットワークのサービスが必要だと決定すると、それは中国自身によって提供されることになるだろう。実際、2020年、中国は1万3000基のインターネット衛星を打ち上げることを国際機関に登録している。[29]中国のみならず、アマゾンと欧州宇宙機関もまた、スターリンクに相当する独自の衛星の建設を計画している。

中国の軍事アナリストは、ウクライナがスターリンクを利用していることに注目し、中国も同様のシステムを構築すべきだと主張している。[30]

スターリンクは、デジタルインフラが破壊された場所でも、ウクライナ軍が通信を維持し、攻撃を指示するのに役立っている。中国の軍事アナリストは、ロシア軍がスターリンクを無能化できていないことを非難している。

29 Adam Satariano, "Elon Musk's Unmatched Power in the Stars", The New York Times,July 28, 2023
30 CHRIS BUCKLEY, "China draws lessons from Russia's losses in Ukraine, and its gains", The New York Times, Apr 2, 2023

中国の科学者は、「スターリンクの脅威に直面している」「我々は独自の低軌道衛星コンステレーションを開発し、構築しなければならない」「米国が中国との紛争でこのような技術を使用する可能性がある」「低軌道衛星に対するソフトキル（通信妨害等）とハードキル（ミサイル攻撃等）の手段の開発には一刻の猶予もない」などと主張している。

中国はまた、スペースXが軌道上に多くの衛星を投入しているため、ほかの衛星が宇宙にアクセスできなくなるというキャンペーンを国連委員会で展開している。

スターリンクに背を向ける台湾とEUなど

世界的な半導体市場の支配者である台湾は、常に中国の侵略の脅威にさらされている。スターリンクを利用することは、台湾の安全保障を強化する有力な手段になり得る。とくに台湾にとって、中国による海底インターネット・ケーブルの切断は安全保障上の大きな懸念になっているからだ。2023年2月、台湾本島と馬祖の離島を結ぶ2本の海底インターネット・ケーブルが中国船籍の船舶によって切断された。この事故により、馬祖全土のインターネット網が切断され、台湾の通信インフラが脆弱であるとの認識が強まった。

しかし、台湾はスターリンクの導入に消極的だ。なぜなら、台湾はマスクと中国との密接な関係を懸念して、スターリンクを利用することを不適切だと思っているからだ。テスラの新車の約50パーセントは上海で製造されていると推定されるため、北京がスターリンクのサービスを停止するように圧力をかけた場合、マスクは台湾へのスターリンク提供を認めないだろうと台湾政府は判断している。

中国は、マスクがウクライナにスターリンクを提供していることに批判的であり、スターリンクを中国で展開しないように圧力をかけている。また、マスクは、中国による台湾の統一問題に関するメディアの質問に対し、「台湾を中国と台湾による共同管理区域にすべきだ」と提案したという。マスクには国際政治の基本的なことをよく理解していない側面がある。台湾にとってマスクはとんでもない人物なのだ。

2023年4月に米国の議会代表団が訪台した際、下院外交委員会の委員長であるマイケル・マッコール下院議員が蔡英文総統にスターリンクの利用可能性について質問したが、蔡総統は無関心だったという。下院外交委員会は、マスクには中国との繋がりがあるため、台湾にとってこのサービスは実行可能な選択肢ではないと結論づけたという。

一方、台湾のデジタル担当大臣であるオードリー・タンは、「台湾は6月にワンウェブと契約を結んでおり、どの衛星プロバイダーとの協力も否定していない。できるだけ多くの衛星コンステレーションをテストしたい」と述べている。スターリンク衛星の魅力のひとつは、従来の衛星に比べて打上げや運用にかかる費用が安い点である。台湾にとっては、マスクに対する不信感もあり、スターリンクを採用するハードルは高いであろうが、スターリンク以外の手段で、台湾のインターネット空間を確保することは不可避の状況である。

欧州連合（ＥＵ）もまたマスクの影響力を懸念している。ＥＵでは、スターリンクの支配力が27ヶ国で構成されるＥＵに影響を及ぼすのではないかと危惧している。そのため２０２７年打上げ予定のＥＵ独自の衛星コンステレーションに向け、２０２２年、24億ユーロを確保した。ＥＵは「宇宙は、ＥＵがその重要な利益を守らなければならない、非常に競争の激しい領域となっている。ＥＵは他国に依存する余裕はない」と主張している。

スターリンクはまた、より権威主義的な政府からの批判にも直面している。２０２２年、イランで反政府デモが発生した際、マスクは活動家たちがオンラインを維持できるよう、現地のスターリンク利用を可能にした。イラン政府はスペースXが主権を侵害していると非難した。トルコは2月、大地震のあとにスターリンクへのアクセスを提供するというマスクの申し出を拒否した。トルコ政府は、スターリンクが自国の管理下になく、脅威となり得ることを恐れたのだ。

各国政府の懸念に対応するため、スペースX社は２０２２年、機密資料の取り扱いや機密データの処理により強いセキュリティを提供するスターリンク関連サービス「スターシールド」を導入した。

我が国にとってのスターリンク

我が国もスターリンクを試験運用している。浜田靖一防衛大臣（当時）は２０２３年６月27日の記者会見において、「近年、宇宙空間の安定的利用に対する脅威は増大しており、複数の通信衛星網を活用する等、衛星通信の抗堪性（敵の攻撃に耐えてその機能を維持する能力）を向上させることはますます重要となっている。このため、防衛省・自衛隊では、民間の低軌道通信衛星コンステレーションを用いた実証実験を行うこととし、２０２４年３月から陸海空の部隊において、スターリンクの実証を行っている。衛星通信は自衛隊の活動の基盤であり、このような実証実験の結果も踏まえて、衛星通信の抗堪性強化に取り組んで参りたいと考えている」と発言している。

防衛省は同年３月、スペースX社のサービスを提供する代理店と契約し、アンテナなどの通信機材を陸海空３自衛隊の部隊に配備した。駐屯地など約10ヶ所のほか、訓練でも活用し、運用上の問題がないか検証している。自衛隊は、スターリンクの利用を開始したが、米軍など他国の衛星を活用する方向でも調整しているという。防衛省は２０２２年、防衛用の通信衛星などを多国間で使用する米国主導の枠組みへの参加を表明した。現在、参加に向けた手続き中で、同盟国や同志国との連携も進める方針だ。

防衛省はまた、独自の「Xバンド通信衛星」２基を静止軌道（高度約３万６０００キロメートル）に打ち上げ、自衛隊の部隊運用に活用している。さらに防衛省は２０２３年度、スターリンクと同様のサービスを提供するほかの企業とも契約する予定で、通信性能を確認し、本格運用するかどうかを最終判断する。

以上のような防衛省・自衛隊の動きは妥当である。なぜなら、我が国周辺には中国、ロシアという宇宙戦の能力の高い国家が存在するからだ。両国は、他国の衛星を破壊する能力を有するとともに、地上から電波妨害できる装置を使い、実際に妨害行為を行っているとされている。

第二章

米国の宇宙安全保障

1 米国の歴代政権の宇宙政策（アイゼンハワー政権からオバマ政権まで）

米国の宇宙開発は、1957年10月4日のソ連による人類初の人工衛星「スプートニク1号」打ち上げ成功に伴う「スプートニクショック」（米国等西側はソ連に先を越されたことに衝撃を受け、「スプートニクショック」と呼ばれた）を契機として本格化し、冷戦時代を通じてソ連と熾烈な宇宙開発競争／宇宙覇権争いを展開した。ソ連の崩壊後は唯一の宇宙大国として君臨し、国際宇宙協力と宇宙産業の育成を重視してきた。

最近は中国の宇宙開発における急激な台頭があり、米中を中心とした宇宙覇権争いが展開中である。しかし、冷戦時代に獲得したソ連の宇宙技術を継承したロシアも無視できない宇宙のアクターである。中露の積極的な宇宙の軍事利用に伴い、宇宙安全保障が米国にとっても重要なテーマとなっている。

スプートニクショックから現在に至るまで、米国の宇宙政策は「米国の宇宙におけるリーダーシップの維持」である。これはアイゼンハワー政権からバイデン政権まで一貫した米国の宇宙政策である。

米国における宇宙開発は、ドワイト・アイゼンハワー政権時代（1953〜1961

年）に始まった。彼は１９５５年、米国で最初の宇宙開発計画である「米国の科学衛星計画」を発表し、世界初の小型人工衛星の打ち上げを宣言した。

しかし、ソ連が１９５７年に人類初の人工衛星を打上げ、米国人にショックを与えた。アイゼンハワーは、１９５８年に航空宇宙局（ＮＡＳＡ）を創立した。これにより、ＮＡＳＡが民生分野の宇宙活動を担当し、国防省が軍事・安全保障分野の宇宙活動を担当する体制が出来上がった。

ジョン・Ｆ・ケネディ政権（１９６１～１９６３年）は、米国の威信と覇権をかけて、人類初の月着陸を成功させる礎を築いた。ケネディ大統領が１９６１年5月25日、上下両院で行った「米国の偉大な新しい挑戦」という演説[31]は、月面着陸を目指すアポロ計画を宣言した有名なスピーチだ。

ケネディ時代における国防省とＮＡＳＡの共同報告書「国家の宇宙計画」の主たるテーマは、「宇宙空間における科学技術でソ連を凌駕すること」だった。[32]

31 "The Decision to Go to the Moon", President John F. Kennedy's May 25, 1961 Speech before a Joint Session of Congress

32 ニール・ドグラース・タイソン、エイヴィス・ラング、『宇宙の地政学㊦』、原書房、１０４頁ケネディ暗殺事件後に政権に就いたリンドン・ベインズ・ジョンソン大統領（1963～1969年）も「我々は地球上で1番でありながら、宇宙で2番になることはできない」と明言し、アポロ計画による月面着陸の実現に向けて努力した。

ニクソン政権時代（1969～1974年）の1969年7月にアポロ11号の月着陸が成功した。月面着陸が成功するとアポロ計画に対する世論の関心が薄れ、巨大な財政負担のかからない宇宙開発にかじを切ることになった。

1970年には宇宙活動を行う三つの目的（探査、科学的知見の獲得、宇宙利用による人類の福利向上）と六つの具体的な活動目標を公表し、そのなかでスペースシャトルの開発計画を認めた。

レーガン政権（1981～1989年）は、NASAが主導したスペースシャトルの運用を行い、宇宙ステーション計画を発表した。また、特筆すべきは1983年に戦略防衛構想（SDI）を打ち出したことで、結果的にソ連の崩壊をもたらした。このSDIは、技術的裏付けに乏しいものだったが、現在の弾道ミサイル防衛システムに繋（つな）がる重要な構想であった。

1991年のソ連の崩壊後は、ロシアが国際宇宙ステーション（ISS）計画に参加するという大きな変化があった。

ジョージ・W・ブッシュ政権（２００１～２００９年）の国家宇宙政策は以下の３点を重視した。

①宇宙におけるリーダーシップを強化する。

②月と火星への有人探査を推進する。そのために、コンステレーション計画を推進する。同計画は、有人宇宙船「オリオン」、月着陸船「アルテア」、大型ロケット「アレス１」「アレス５」の４種類のハードウエアを開発する計画の総称である。

③宇宙活動の制限に反対する。例えば、宇宙活動を制限する国際的取り決めに対してだ。

このコンステレーション計画のハードウエアは、すべてアポロとスペースシャトルの技術的資産の流用で構成されていた。しかし過去の技術的資産を流用することで、新たな有人月探査のシステムを組み上げることには無理がありすぎ、開発ではトラブルが続出した。

オバマ政権（２００９～２０１７年）は、２０１０年に「国家宇宙政策」を発表したが、産業基盤の強化、宇宙の平和利用、国際協力の拡大を強調した。

「2011会計年度の予算教書」では、ブッシュ政権が推進していた有人月探査計画のためのコンステレーション計画の開発を中止し、太陽系全域の無人探査、有人月探査やそれ以遠の有人探査のための基礎技術の開発、地球環境観測などに力を入れるとした。

ISSの運用は、ブッシュ政権が2015年までとしていたものを2020年までに延長し、同時にISSへの物資や人員の輸送は、NASAが行うのではなく、民間企業に任せるという大胆な方針を打ち出した。

以上の構想のために必要な予算は、金食い虫だったスペースシャトルの2011年までの引退とコンステレーション計画の中止で捻出する。また、地球周辺軌道での有人活動能力が低下するが、その分野は大胆に民間に任せる。

有人宇宙飛行を大胆に民間に任せる方針に対しては「本当に民間企業にできるのか」と危惧する声があった。一方、スペースX社などの宇宙ベンチャー企業は、新政策に賛同する声明を発表した。

2 トランプ政権の宇宙政策

トランプ政権の宇宙政策はレーガン政権の宇宙政策に似ている

米宇宙コマンドの復活が一例だが、ドナルド・トランプ大統領の宇宙開発へのこだわりは、彼が尊敬するレーガン大統領の宇宙開発に触発されたものだ。トランプ大統領の安全保障に関するスローガンである「力による平和（Peace through Strength）」はレーガン大統領のスローガンを真似たものでもある。２０１６年の大統領選挙期間中にトランプ陣営は、「力による平和」と並んで「米国の宇宙開発の復活」をスローガンにしたほどだ。

この点で私がまず注目しているのはレーガン政権が冷戦時代のライバルであったソビエト連邦を破滅させるために華々しく打ち上げた「戦略防衛構想（ＳＤＩ）」、いわゆる「スターウォーズ構想」だ。ＳＤＩは、衛星軌道上にミサイルやレーザー兵器を搭載した攻撃衛星、早期警戒衛星などを配備し、これらの衛星と地上の迎撃システムを連動させて、ソ連の大陸間弾道弾などのミサイルを破壊するという構想だ。このＳＤＩは、当時の技術では実現不可能なはったりの構想だった。このはったりの構想に騙（だま）されたソ連は膨大な軍事費を対抗手段の開発のために費やし、最終的に国家が崩壊してしまったのだ。

トランプ政権は、レーガンのＳＤＩと同じような発想で宇宙開発の構想を打ち上げて、中国を牽制し、いざとなれば宇宙戦によって中国に大きな損害を与える体制を構築しようとしていたのではないかと思う。

とはいえ、トランプ時代はレーガン時代といくつかの点で状況が違う。まず、科学技術力の進歩によりレーガン政権のＳＤＩが実現可能な状況になっている点だ。米国がＳＤＩを実現できるのみならず、中国やロシアも実現できる状況だ。冷戦時代以上に宇宙をめぐる争いは激化している。

２番目に、米中覇権争いを展開している中国はソ連と違って経済力があることだ。中国は、ソ連のように経済的な理由によって簡単に崩壊する国ではない。経済大国、軍事大国、科学技術大国、宇宙大国を目指す中国は米国にとって手ごわい相手であり、レーガン流のはったりが効かない国だ。宇宙をめぐる米中の覇権争いは長く続くであろう。

３番目に、宇宙は衛星やデブリでますます混雑していることだ。多くの国々や民間企業が宇宙での活動を活発化させていくなかで、宇宙における秩序形成や協力が重要な時代である。

トランプ大統領の執念で実現した宇宙軍の創設

トランプ大統領が発表した宇宙戦略にはＳＤＩの面影がある。ここでは、宇宙軍の創設を契機として、世界列強の宇宙をめぐる競争について触れたいと思う。

なお、米軍における宇宙軍の正式な名称は米宇宙軍（ＵＳＳＦ：US Space Force）である。しかし、日本の防衛白書などでは「米宇宙軍」の代わりに「宇宙軍」と記述しているので、本書においても米宇宙軍を宇宙軍と記述する。これは米陸軍が米軍における陸軍であることと同じ表現だ。また、米宇宙軍の代わりにＵＳＳＦと記述することがあるが、米宇宙コマンド（ＵＳＳＰＡＣＥＣＯＭ：US Space Command）との混同を避けるためだ（両者の違いについては、87頁参照）。

●トランプ大統領は米宇宙軍の創設で歴史に名を残そうとした

トランプ大統領は、２０１９年12月20日、国防予算（米宇宙軍創設の予算を含む）の大枠を決める２０２０会計年度の国防権限法に署名をし、これにともない宇宙軍が正式に創設された。

宇宙軍の創設に至る道のりは決して平坦なものではなかった。じつは、宇宙軍の創設について米軍内部から根強い反対があったのだ。軍の要人らの反対意見は、「宇宙軍の創設は屋上屋を架すものであり、現在の体制で十分だ」というものだった。

トランプ大統領は、軍の反対にもかかわらず宇宙軍の創設にこだわった。彼の狙いは、「歴史に名を遺す大統領になる」ことだったが、宇宙軍を創設したことによりそれは叶った。軍の宇宙軍創設反対論者たちも、最終的には大統領の強い意向を無視することができず、宇宙軍の編成を受け入れたのだ。

結果論だが、「宇宙軍の創設は、宇宙における取組を戦闘支援から競争と戦闘の領域へと抜本的に転換するもの」になったのだ。[33]

宇宙軍創設後における国防長官以下の米軍の組織編成は、図表2－1（88頁）の通りだ。この編成図から見ると、海兵隊が海軍とともに海軍長官と海軍次官の下にいるのに対して、宇宙軍は空軍とともに空軍長官の下に入るものの、空軍次官（先任次官）とは別に宇宙軍次官が配置されている。一方、海兵隊は海軍次官の下に入っている。

この違いから、宇宙軍は「海兵隊以上、陸・海・空軍以下」の軍種と位置付けることができる。この分析に基づくと、トランプ大統領が目指した陸・海・空軍と同格の軍種としては宇宙軍は実現しなかった。

●米宇宙軍と米宇宙コマンドは違う

宇宙軍が発足するまでには踏むべき手順があった。まず、トランプ大統領は、2019年の2月に宇宙軍創設を指示し、8月には米宇宙コマンドが編成された。なお、米宇宙コマンドは、ロナルド・レーガン大統領が1985年9月23日に創設したものだが、その後に必要性が否定されて2002年9月30日に廃止された。その後、トランプ政権下の2019年8月29日に再編成されたのだ。米宇宙コマンドは287人体制でスタートし、人工衛星の運用、宇宙空間の監視、ミサイル警戒などの実任務を担当している。

一方、米宇宙軍は約1万6000の人員で、陸・海・空軍が保有していた宇宙関連部隊や施設を統合して発足した。

ここで宇宙軍関連の用語で多くの人たちが誤解している大事な点について注意喚起したい。米宇宙軍（USSF）と米宇宙コマンド（USSPACECOM）は違う。米宇宙コマンドを宇宙軍と表現する人がいるが、それは不適切だ。

米宇宙軍は、米陸軍、米海軍、米空軍と同じ軍種で、いわゆる「フォース・プロバイダ

33 日本の「令和2年版 防衛白書」、コラム〈解説〉宇宙軍の創設

図表2-1　米宇宙軍を含めた米軍の組織編成

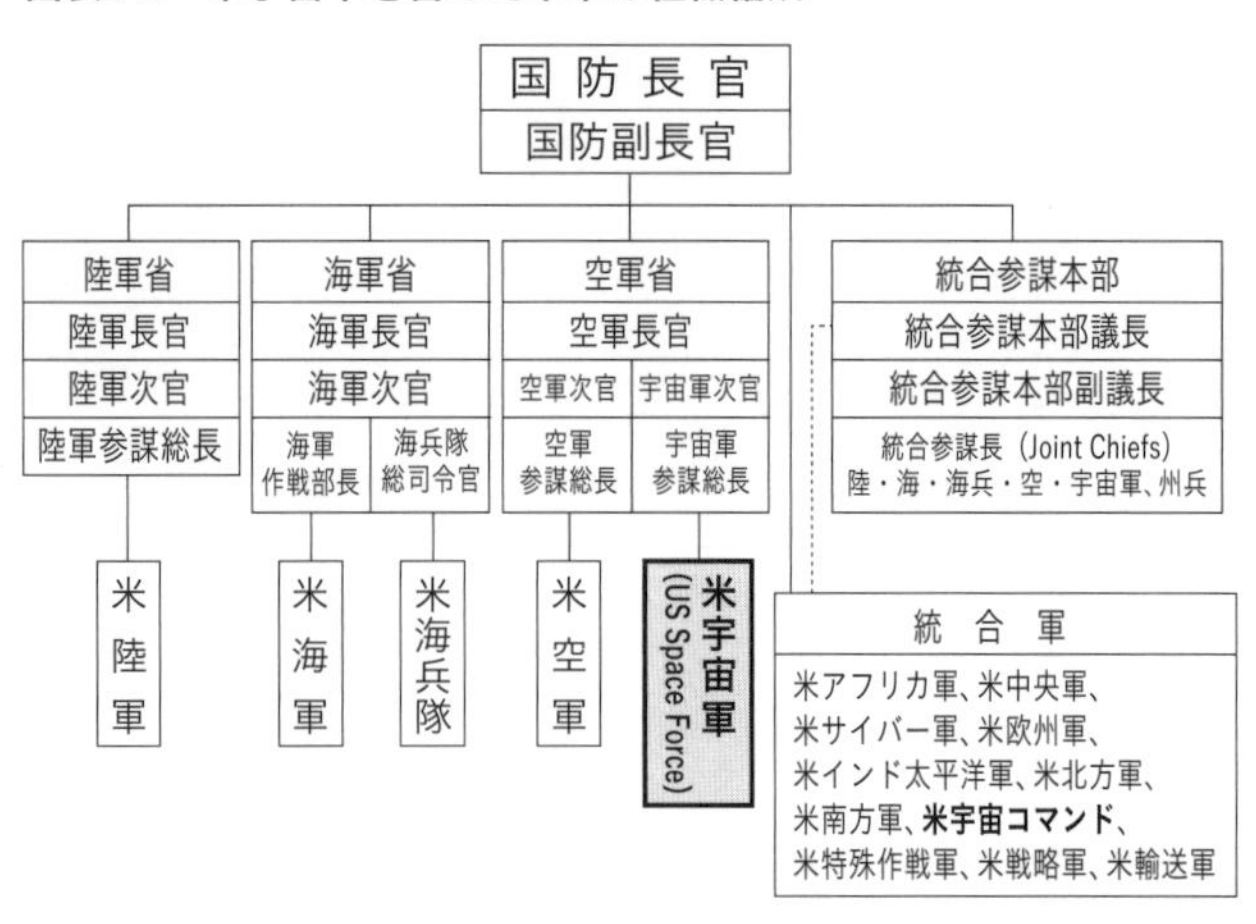

出典：米宇宙軍

ー」である。つまり、米宇宙軍の任務は、宇宙部隊を編成し、訓練し、装備を提供して戦える部隊を造成し、その部隊を米宇宙コマンドなどの他の組織に派遣することだ。

一方、米宇宙コマンドはインド太平洋軍や中央軍と同じ「統合戦闘コマンド（Unified Combatant Command）」であり（図表2－1参照）、いわゆる「フォース・ユーザー」である。つまり、米宇宙コマンドは他の組織（例えば米宇宙軍）から部隊の提供を受け、実際に作戦・戦闘を行う実働部隊だ。

トランプ政権の国家宇宙戦略

米国ほど国家安全保障上の各種戦略を作

成し、公表する国はほかにない。米国の宇宙戦略も例外ではない。トランプ大統領は、2018年3月に国家宇宙戦略（National Space Strategy）を発表したが、この戦略を読むとトランプ政権の宇宙開発に関する思いがよく解る。「米国のリーダーシップ」を強調しているのだ。国家宇宙戦略の要点は以下の通り。

・宇宙における科学・ビジネス・国家安全保障上の利益を確保することが政権の最優先事項だ。
・米国の利益を最優先し、米国を強く、競争力があり、偉大な国家にする。
・米国の繁栄と安全にとって不可欠な宇宙システムの創造と維持において引き続き主導的役割を果たす。宇宙における米国のリーダーシップと成功を確保する。
・「力による平和」：宇宙分野における力による平和を追求する。宇宙への自由なアクセスと宇宙での活動の自由を確保し、米国の安全保障、経済的繁栄、科学的知識を増進する。
・米国のライバルや敵が宇宙を戦闘領域に変えてしまった。宇宙領域に紛争がないことを望むが、それに対応する準備をする。米国と同盟国の国益に反する宇宙空間の脅威を抑止し、対処し、撃退する。

・米国が宇宙サービスと技術の世界的なリーダーでありつづけるための規制改革を優先する。

トランプ大統領の「アメリカ・ファースト」は宇宙にも適用され、明らかに宇宙における覇権を追求している。「科学・ビジネス・国家安全保障上の利益を確保することが政権の最優先事項だ」という記述は、米国のあらゆる分野における覇権宣言なのだ。この宇宙での覇権確立のための大きな一歩が宇宙軍の創設である。

なお、宇宙プログラムについては、トランプ時代の2017年にアルテミス月面着陸プロジェクトを開始し、2019年にゲートウェイ月軌道ステーションプロジェクトを開始している。

3 バイデン政権の宇宙政策

バイデン政権は2021年、「米国の宇宙優先事項の枠組み[34]」という文書を発表している。この文書は、バイデン政権の宇宙活動、宇宙政策の優先事項などを知るうえで貴重なものである。以下、簡潔に紹介する。

序言

宇宙活動は、世界経済の原動力であり、米国、同盟国、パートナー国の安全保障を支え、米国人および世界中の人々の日常生活を向上させるなど、人類に恩恵をもたらす。

宇宙へのアクセスとその利用は、極めて重要な国益である。急成長する米国の宇宙活動は、国内外における米国の強さの源泉であり、米国人に具体的な経済的・社会的利益をもたらし、同盟とパートナーシップのネットワークを拡大する。

宇宙活動は急速に加速しており、社会のさまざまな分野で新たなチャンスが生まれている。同時に、米国の宇宙リーダーシップ、グローバルな宇宙ガバナンス、宇宙環境の持続可能性、安全な宇宙での活動に対する新たな課題が生じている。

宇宙活動がもたらす米国への恩恵

●米国にイノベーションと経済的好機をもたらす宇宙

宇宙は、米国民に具体的な利益と経済的好機をもたらす。宇宙活動は、我々の経済と生

34 THE WHITE HOUSE, "UNITED STATES SPACE PRIORITIES FRAMEWORK", December 2021

活の原動力となる。宇宙からのデータ、製品、サービスは、米国のビジネスの発展を可能にし、製造、輸送、物流、農業、金融、通信などさまざまな分野で米国の雇用を創出する。例えば、ＧＰＳなどの衛星航法システムを可能にし、幅広い分野におけるグローバルな通信を提供する。

宇宙技術の開発がイノベーションを促進する。米国の企業は、宇宙技術や宇宙利用のフロンティアを押し広げることで世界をリードしている。人工衛星は、変化する地球を監視し、国土、海洋、大気を保護するための情報を収集する。

宇宙は我々にインスピレーションを与えてくれる。

●宇宙は米国のリーダーシップと強さの源泉

米国は宇宙における世界のリーダーである。強力な宇宙プログラムは、同盟とパートナーシップの拡大を可能にし、軍事力を支える。また、宇宙での成果は、米国のリーダーシップを示すものである。宇宙での成功は、世界における米国の信頼性と影響力を強化する。

宇宙活動は、国際的なパートナーシップを広げ深める。同盟とパートナーシップの世界的ネットワークは、米国の戦略的優位性の象徴である。

宇宙は、米国の国家安全保障と世界中の危機に果断に対応する能力を支えている。宇宙から収集された情報は、米国、同盟国、パートナーの利益に対する脅威の進展について、国家の意思決定者に情報を提供する。

宇宙能力は米軍が米国本土を保護・防衛し、米国とその同盟国およびパートナーの国家的・集団的安全保障上の利益を増進することを可能にする。

米国の宇宙政策の優先事項

●強固で責任ある米国の宇宙事業の維持

米国が民間、商業、国家安全保障の各分野にわたって活力ある宇宙事業を維持することが必要だ。

米国は宇宙探査と宇宙科学（宇宙全体の構造や歴史・未来、宇宙を支配する法則を解明する学問）におけるリーダーシップを維持する。米国は、月、火星、そしてそれ以遠の探査を推進する宇宙研究と技術を発展させることにより、科学と工学における世界的リーダーでありつづける。

米国は、地球低軌道における有人宇宙探査を継続することで、人々が宇宙で安全に生活・活動できるようにし、火星とその先への将来のミッションに備える。科学ミッションは、宇宙の起源を調査し、地球、太陽、太陽系に関する理解を深める。

米国は、有人宇宙輸送や地球低軌道上の宇宙ステーションなどの新たな商業宇宙サービスを育成するために、民間宇宙活動を引き続き活用していく。米国は、米国の商業宇宙部門の競争力の強化と急成長を可能にする政策を展開する。米国の商業宇宙活動は、宇宙技術、宇宙利用、宇宙を利用したサービスの最先端にある。

米国は、宇宙関連の重要インフラを保護し、米国の宇宙産業基盤の安全保障を強化する。宇宙システムは、米国の重要なインフラにとって不可欠な要素である。

米国は、悪意ある活動や自然災害から、米国の宇宙システムの安全性と回復力を強化する。とくに、民間宇宙産業および非政府の宇宙開発・運用者と協力し、宇宙システムのサイバーセキュリティの強化を図る。加えて、効率的な周波数帯アクセスを確保し、米国の宇宙産業基盤全体のサプライチェーンの回復力を強化していく。

米国は、増大する宇宙での活動と宇宙空間に対する脅威から、国家安全保障上の利益を守る。宇宙における戦略的競争の激化は、米国の国家安全保障上の利益に対する深刻な脅威である。

中国やロシアなどの軍事ドクトリンは、宇宙を現代戦に不可欠なものと位置づけ、対宇宙能力の利用を、米国の軍事的有効性を低下させ、将来の戦争に勝利するための手段と考えている。米国、同盟国などの利益に対する侵略を抑止するため、米国はより弾力的な国家安全保障宇宙態勢に移行する。米国はまた、宇宙を利用した脅威から軍事力を守るための措置を講じる宇宙におけるミッション遂行の保証を強化する一環として、新たな商業宇宙能力やサービスを活用し、米国の国家安全保障上の宇宙能力や活動と同盟国やパートナーの能力との統合を深める。

米国の国家安全保障上の宇宙活動は、国際法を遵守し、責任ある宇宙利用と宇宙環境の管理の両面においてリーダーシップを発揮しつづける。

●現在と未来の世代のために宇宙を守る

米国は現在と未来の世代のために何をしていく決意なのか。以下箇条書きで抜粋する。

- 米国は、責任ある平和的かつ持続可能な宇宙探査と宇宙利用を主導する。
- 米国は、ルールに基づく宇宙国際秩序を維持・強化するように国際社会に働きかける。

・米国は、宇宙状況認識（ＳＳＡ）の共有と宇宙交通の調整（ＳＴＣ：Space Traffic Coordination）を強化する。米国は、ＳＳA情報の共有を継続し、すべての宇宙事業者に基本的な宇宙飛行安全サービスを提供する。
・米国は、世界的なＳＴＣ基盤を確立する。
・米国は、デブリを軽減、追跡、修復するための取り組みを強化する。
・米国は、潜在的な地球近傍天体衝突に対する警告と被害緩和を強化する取り組みを主導する。

米国の宇宙計画

２０１９年は、米国のアポロ11号が人類初の月面着陸をした１９６９年から50周年の記念すべき年だった。アポロの月着陸は１９６９年から１９７２年までの3年間だったが、その後50年間以上、どの国の飛行士も月面には着陸していない。

ＮＡＳＡは60年間、宇宙探査を主導してきたが、人類初の月面着陸から50年が経過し、アルテミス（ARTEMIS）計画で次の大きな飛躍に向けて準備を推進している。なお、アルテミスは、ギリシャ神話の月の女神であり、太陽の神であるアポロの双子の姉の名前だ。

●アルテミス計画

アルテミス計画は、NASAが主導する月探査計画で、トランプ大統領が2017年12月、宇宙政策指令第一号で月探査計画を承認したことがはじまりだ。1972年のアポロ17号以来途絶えていた有人月面着陸を再確立することを目的としている。同プログラムの長期目標は、火星への有人ミッションを促進するため、月面に恒久的な基地を設置することだという。

無人ミッションである「アルテミス1号」の打上げは当初、2019年に予定されていたが遅延し、2022年11月に打ち上げられた。「オリオン宇宙船」（写真2-1）を月面着陸させ、六日間月に滞在させたのち、オリオンの帰還カプセルを成功裡に地球に帰還させた。

「アルテミス2号」の打上げは20

写真2-1 オリオン宇宙船

出典：NASA

25年9月以降に予定されているが、アルテミス計画では初の有人ミッションとなる。宇宙飛行士四人を乗せた「オリオン宇宙船」が月を周回する試験飛行を行い、地球に帰還する予定だ。

「アルテミス3号」は有人月面着陸のミッションで、2026年9月以降、宇宙飛行士を月面に着陸させる予定だ。このミッションに先立って、有人着陸システム（スターシップHLS〔写真2-2〕）を軌道に投入する支援ミッションが行われる。この支援ミッションのあと、四人が「オリオン宇宙船」で月面着陸を行う予定だ。

2026年以降も継続的に宇宙飛行士による月探査が行われる予定で、日本人宇宙飛行士が月面着陸する可能性もある。

米国は、商業的パートナーや国際的パートナーと協力し、2028年までに持続可能な月探査を確立しようとしている。

そして、米国が月やその周辺で学んだこ

写真2-2　スターシップHLS

出典：NASA

とを利用して、次の大きなステップである火星への宇宙飛行士の派遣を目指している。アルテミス計画でもロケット、宇宙船、月着陸船、ゲートウェイ（月を回る宇宙ステーション）が必要な要素だ。多くの国や企業も参加し、アルテミス計画を支援する予定だ。

●バイデン政権時代の宇宙開発のおもな実績[35]

ここでバイデン政権時代の宇宙開発のおもな実績を示す目的は、この3年ばかりの短い期間で多くの成果があったためだ。この実績はバイデン政権の功績というよりも、歴代政権のイニシアティブによって実現したものであることを強調したい。

以下、バイデン政権がこれまでに実績を上げた宇宙開発について、箇条書きで示す。

・2021年　ジェームズ・ウェッブ宇宙望遠鏡打ち上げ（欧州宇宙機関が打ち上げロケットと打ち上げサイトを提供）。
・2021年　地表／惑星探査機（Perseverance）とロボットヘリコプター（Ingenuity）

35　CIA, "Space Programs USA", https://www.cia.gov/the-world-factbook/references/space-programs/

が火星の表面に正常に着陸。
・２０２２年　最初のアルテミス月探査ミッション開始。
・２０２３年　オシリス・レックス宇宙カプセルが史上最大の小惑星のサンプルをともなって、地球に帰還（ミッション自体は２０１６年に打ち上げられ、２０２０年に小惑星ベンヌに着陸していた）。
・２０２３年　金属で覆われた小惑星を探索する６年間のミッションで探査機プシュケの打上げ。
・２０２４年　遠隔誘導ロボットヘリコプター「インジェニュイティ」（火星を飛行する初のロボットヘリ）による火星ミッション。これが最後のミッションで、ここまで72回に及ぶ。
・２０２４年　商業着陸船の月面着陸に成功。

4　米国の宇宙に関する主要組織

米航空宇宙局

米航空宇宙局（ＮＡＳＡ）は１９５８年７月29日、国家航空宇宙諮問委員会を発展的に解消する形で設立された。国家航空宇宙法の規定により、ＮＡＳＡの宇宙活動は民生分野に限定されるとともに、軍事・安全保障分野における宇宙活動は国防省が責任を有すると規定された。その後、長年にわたり米国の民生分野における宇宙開発を主導してきた。

ＮＡＳＡは、省庁間の調整ができるように、大統領直属の独立組織になっており、航空、地球観測、宇宙科学、有人活動、宇宙技術の５分野を戦略的事業としてきた。ＮＡＳＡの任務は、「すべての人々の利益のために宇宙の秘密を探求すること」であり、その目標は、「宇宙空間の開拓、科学的発見、そして最新鋭機の開発において、常に先駆者たれ」である。

ＮＡＳＡの実績について列挙すると、マーキュリー計画（米国初の有人宇宙飛行プロジェクト）、ジェミニ計画（ふたり乗り宇宙船で地球周回飛行を行い、月飛行に必要なランデブーやドッキング、船外活動、宇宙科学実験、宇宙食や宇宙服の試験などを行った）、１９６８年から１９７２年のアポロ月面着陸ミッション、スカイラブ宇宙ステーション

（米国初の宇宙ステーション。「ラブ」はLaboratoryの略）、スペースシャトルなど、ほとんどの米国の宇宙探査事業を主導してきた。

これらの事業の中心はＮＡＳＡであった。しかし、最近国際宇宙ステーション（ＩＳＳ）への宇宙飛行士と物資の輸送は民間企業に委託し、宇宙探査については民間企業と協力して実施するという流れになっている。

ＩＳＳまでの物資輸送を民間企業に委託することに関して、ＮＡＳＡは「商業軌道輸送サービス（ＣＯＴＳ：Commercial Orbital Transportation Services」と「商業再補給サービス（ＣＲＳ：Commercial Resupply Services）」という二段階の戦略を打ち出した。まずＣＯＴＳによりＩＳＳへの人員と物資の輸送をデモフライトにより実証するよう求められ、次にＣＲＳによりＩＳＳまでの輸送サービスの契約を締結するというものである。

ＣＯＴＳに選定されたスペースＸ社とオービタルＡＴＫ（Orbital ATK）社はデモフライトを成功させ、２００９〜２０１６年の間、ＩＳＳへの無人物資輸送サービスを実施することになった。[36]

ＩＳＳへの再補給ミッションを民間企業に外注するＣＲＳ計画はジョージ・Ｗ・ブッシュ政権下で誕生し、オバマ政権で本格化した。

ＣＲＳ計画の成功により、オバマ政権下で商業乗員計画（ＣＣＰ：Commercial Crew Program）への支援が強化された。ＣＣＰは、スペースＸとボーイングが開発する商用宇宙船をスペースシャトルの代わりに導入し、宇宙飛行士を宇宙ステーションに送りこむことを目指していたが、無数の遅延が原因で、ＮＡＳＡはＩＳＳへの行き来に関してロシアへの依存を強めざるを得ないという難しい立場に追い込まれた。しかし、ＣＣＰは２０２０年５月にようやく目標を達成し、スペースＸの「クルードラゴン」が宇宙飛行士らをＩＳＳに運んだ。[37]

ＮＡＳＡは現在、ＩＳＳの運用支援、オリオン宇宙船と有人月アルテミス計画の宇宙発射システム、商業乗組員宇宙船、計画中の月ゲートウェイ宇宙ステーションの開発を監督している。これらの事業もＮＡＳＡと民間企業によって共同で進められている。

36　国立国会図書館調査および立法考査局、『宇宙政策の動向（科学技術に関する調査プロジェクト２０１６）』
37　Neel V. Patel,『月への回帰、宇宙軍――トランプ政権の宇宙政策とは何だったのか？』

米宇宙軍[38]

民生分野における宇宙開発を主導するNASAに対して、軍事・安全保障分野における宇宙活動についての要注目は米宇宙軍（USSF）だ。先述のようにUSSFは2019年12月20日に設立され、米国防省の6番目（陸・海・空・海兵隊・沿岸警備隊に次ぐ宇宙軍）の軍種となった。

宇宙軍は、海兵隊が海軍省内に組織されたのと同様に、空軍省内に組織され、空軍と同等のレベルで機能する。宇宙軍は宇宙に特化した軍事力を組織、訓練、装備する責任を負っている。具体的には、宇宙への衛星打上げ、衛星運用、宇宙環境の監視、衛星防衛、ミサイル防衛の一部機能を担当する。

以前は、宇宙関連の部隊とミッションは国防省全体に分散していた。宇宙軍の設立に伴い、国防省は、これらの任務、部隊、権限のすべてまたは多くを宇宙軍のなかに統合する計画だ。

●任務等

宇宙軍の任務は以下の通りである。

「宇宙軍は、統合軍と連合軍の戦いを強化するグローバルな宇宙作戦を実施するためにガーディアン（宇宙軍に所属する人員）を組織化、訓練、装備の責任を負い、同時に国家目標を達成するための軍事的選択肢を意思決定者に提供する」

宇宙軍の本部は、国防省の中に所在し、宇宙軍のトップは宇宙作戦部長を兼ねている。これは、海軍作戦部長が海軍のトップであるのと似ている。現在の宇宙作戦部長はチャンス・サルツマン大将だ。

宇宙軍は、スリムで軽快で任務に焦点を当てた組織となるように意図的に設計されている。そのガーディアンと職員の数は、伝統的な官僚主義の弊害を排除するために、他の軍種に比べて大幅に少なくなっている。結果、宇宙軍は米国最小の軍種である。８６００人の軍人（下士官４２８６人、士官４３１４人）、民間人４９２７人で構成され、１００基以上の衛星を運用している。

２０２３年度の宇宙軍予算は２６１億ドル（約3兆９４５０億円）で、運用と整備（O&M：Operation and Maintenance）に40億ドル、研究・開発・テスト・評価（RDT&

38　米宇宙軍の記述については、米国のシンクタンクCSISの「U.S. Space Force Primer」を参照した。

E：Research,Development,Test and Evaluation）に166億ドル、調達に44億ドル、人件費に11億ドルだ。

●宇宙軍が実施すること

宇宙軍は、米軍の宇宙能力と作戦を支援するための訓練、装備品の開発・取得を担当する組織となるべく設計された。USSFガーディアンは100基を超える衛星を運用し、測位・航法・タイミング（PNT）、通信、情報・監視・偵察（ISR）、および気象を提供する衛星の指揮・統制を行う。

ガーディアンは衛星打上げを実施し、国家の衛星打上げ実験場を運営する。そして、ミサイル発射の早期警告も行い、宇宙船や軌道上のデブリを追跡するために、衛星、地上の望遠鏡、レーダーの広範なネットワークを維持している。

彼らには、米国の軍事任務を支援するために、広範な攻撃能力と防御能力を活用して宇宙優勢を確保することが求められている。宇宙軍の責任には、宇宙専門家の育成、軍事ドクトリンの改善、戦闘コマンドが使用する即応部隊の組織化も含まれている。

宇宙軍の関連組織

これから宇宙軍の編成組織等について解説するが、そもそも一般の人は、軍の組織を理解するのに苦労するかもしれない。加えて、宇宙軍は陸・海・空軍の宇宙関連部隊を米国内外から寄せ集めて編成されたために複雑な組織になっている。

以下の文章を読む前に図表2－2と図表2－3（108頁）をぜひ眺めてもらいたい。宇宙軍はおおよそこのような組織になっているのかと漠然と理解してもらって、本文を読んでもらうほうが理解が容易かもしれない。内容が難しいと思えば、飛ばして読んでもらっても結構だ。それでは、宇宙軍の説明を始めたい。

空軍長官は宇宙軍のリーダーであり、空軍と宇宙軍の両方を監督する。２０２０年度に制定された米国防権限法（ＮＤＡＡ：National Defense Authorization Act）は、四つ星の将軍が宇宙軍を指揮する宇宙作戦部長（ＣＳＯ：Chief of Space）のポストに就き、統合参謀本部の一員を兼務することを明記している。

宇宙軍は、宇宙作戦コマンド（ＳｐＯＣ：Space Operations Command）、宇宙システムコマンド（ＳＳＣ：Space Systems Command）、宇宙訓練即応コマンド（ＳＴＡＲＣＯ

図表2-2　米宇宙軍の組織編制

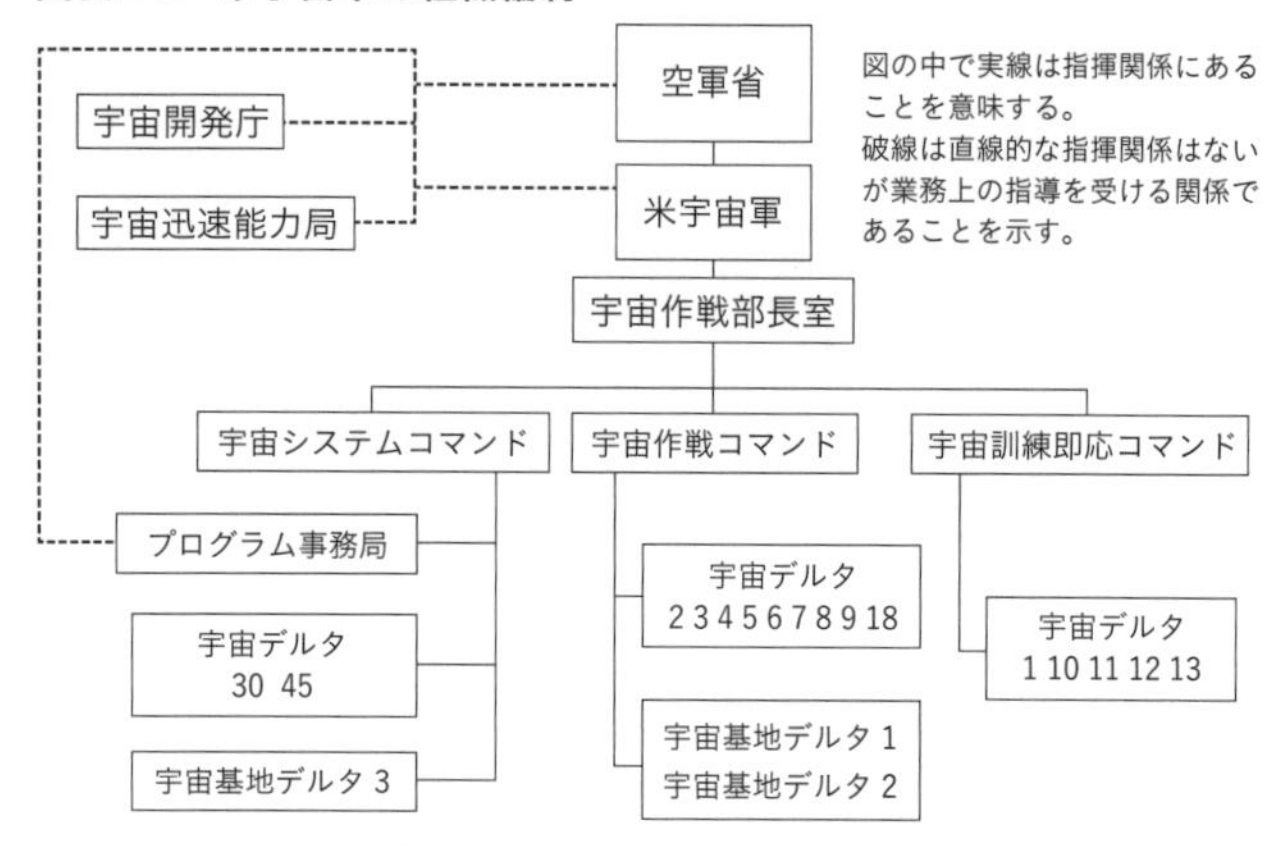

出典：CSISの資料を渡部翻訳

図表2-3　宇宙軍の指揮階層

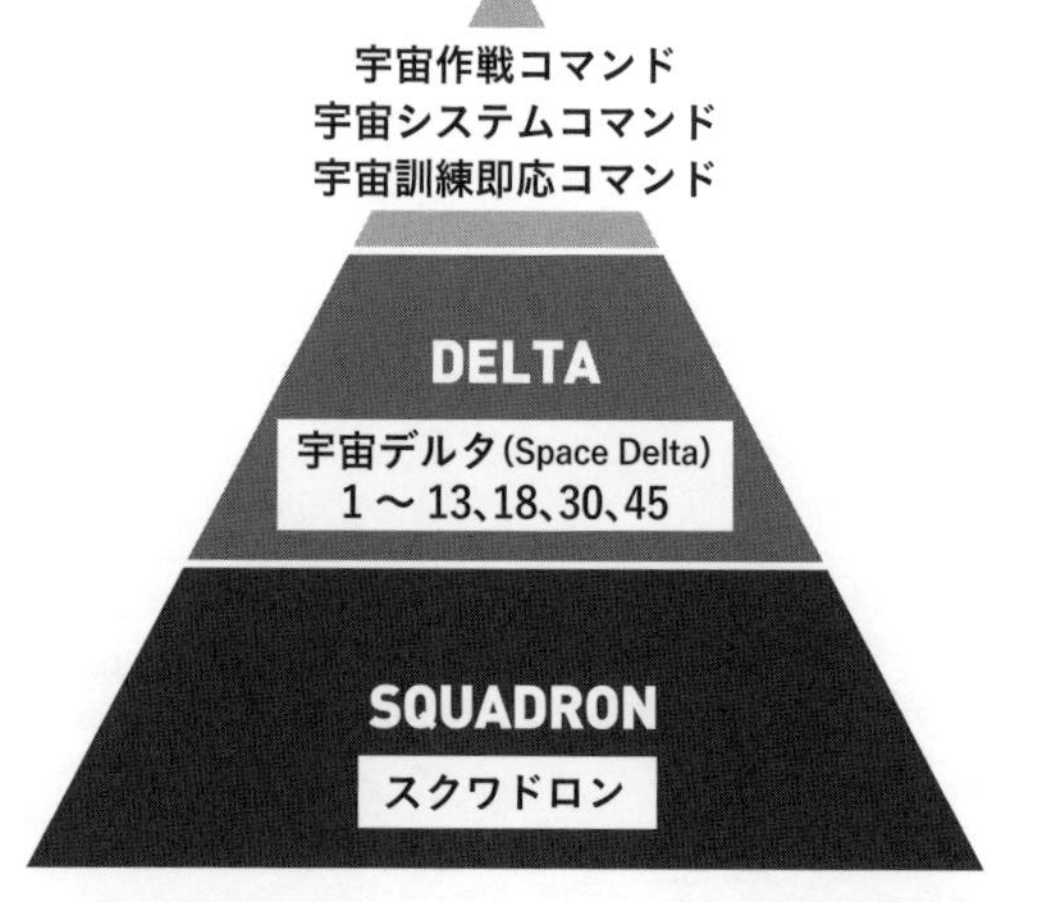

出典：CSISの資料を渡部翻訳

M：Space Training and Readiness Command）の3個の野戦コマンド（Field Command）によって支援されている（各コマンドの機能・役割については後述する）。

これらはさらに16個の「宇宙デルタ（Space Delta）」（４００人規模の基本部隊）と任務支援機能を提供する3個の「宇宙基地デルタ（ＳＢＤ：Space Base Delta）」に分かれている（各デルタの役割についても後述する）。

さらに、宇宙開発庁（ＳＤＡ：Space Development Agency）と宇宙迅速能力局（ＳｐａｃｅＲＣＯ：Rapid Capabilities Office）というふたつの調達組織も宇宙軍を支援しており（これらふたつの組織の機能・役割についても後述する）、宇宙作戦部長と宇宙調達を担当する空軍次官補に直接報告を行っている。

宇宙作戦部長と空軍長官を補佐する宇宙作戦部長室は、宇宙作戦部長代理の役割を担う将校と高級官僚（それぞれ人的資本、情報、作戦、サイバー、核、戦略、計画、プログラム、テクノロジーとイノベーションを担当）で構成されている。

三つの野戦コマンドのうち、宇宙作戦コマンドと宇宙システムコマンドは中将が指揮し、宇宙訓練即応コマンドは少将が指揮する。各野戦コマンドは、約４００人からなるデルタによってサポートされており、各デルタは、特定の任務（サイバー戦、電子戦、宇宙領域認識など）を担当し、指揮下部隊であるスクワドロン[39]（squadron、実行部隊）を使って作戦を行う。デルタは大佐が指揮し、スクワドロンは中佐が指揮する。

●宇宙作戦コマンド

宇宙作戦コマンド（ＳｐＯＣ）は、宇宙能力を運用するとともに、戦闘指揮官、連合パートナー（米軍と連合を組む他国の軍隊）、統合軍、国家に宇宙軍の部隊と能力を提供する。宇宙軍と米宇宙コマンドの連携により運用されているＳｐＯＣは、宇宙軍の野戦コマンドと米宇宙コマンドにサービスを提供するコマンドとして機能する。ＳｐＯＣの指導には三つの優先事項がある。つまり、準備（戦闘準備の整ったＩＳＲ主導のサイバー安全部隊）、提携（米国政府、同盟国、商業パートナー全体）、そして投射（宇宙内、宇宙から、宇宙への戦闘力の提供）である。さらに、ＳｐＯＣは、ＩＴや医療サポートなどの軍事施設でのミッション支援機能を提供する宇宙基地デルタ（ＳＢＤ：Space Base Delta）１および2によってサポートされている。ＳｐＯＣは、以下の9個の宇宙デルタと2個の宇宙基地デルタで構成されている。

宇宙デルタ2：宇宙領域把握（ＳＤＡ）
宇宙デルタ3：宇宙電子戦
宇宙デルタ4：ミサイル警報
宇宙デルタ5：指揮統制
宇宙デルタ6：サイバー作戦
宇宙デルタ7：情報、監視、偵察
宇宙デルタ8：衛星通信・ナビゲーション戦
宇宙デルタ9：衛星軌道上での戦い
宇宙デルタ18：国家宇宙情報センター

●宇宙システムコマンド

宇宙システムコマンド（ＳＳＣ）は、戦闘員のために宇宙能力を開発、調達、配備する

39　スクワドロンは通常「飛行隊」と訳すが、この場合はデルタの指揮下で特定の任務（サイバー戦、宇宙監視、電磁波戦など）を行う「実行部隊」だ。

責任を負っている。さらに、打上げ、開発試験、軌道上点検、ＵＳＳＦの宇宙システムの維持と保守、科学技術活動の監督を担当している。

ＳＳＣは五つのプログラム事務局で組織されている。①通信および測位・ナビゲーション・タイミング（ＰＮＴ）、②空間検知、③戦闘管理・指揮・統制・通信（ＢＭＣ３：Battle Management Command,Control and Communications）、④宇宙領域把握、⑤宇宙戦闘力である。ＳＳＣには、商業的に利用可能な宇宙サービスの調達に重点を置く「商業サービス局（ＣＯＭＳＯ：Commercial Services Office）」も含まれている。ＳＳＣは、２個の宇宙打上げデルタと１個の宇宙基地デルタで構成されている。

●宇宙訓練即応コマンド

宇宙訓練即応コマンド（ＳＴＡＲＣＯＭ：Space Training and Readiness Command）は、宇宙分野での戦闘の課題に対処するために、宇宙専門家を訓練および教育し、即戦力の宇宙軍を開発する。

この任務の一環として、宇宙戦争の教義、戦術、技術、手順の開発にも責任を負っている。ＳＴＡＲＣＯＭは5個の宇宙デルタで構成されており、例えば「宇宙デルタ１」は訓練を担当する。その使命は、革新的な基礎軍事の修得、初期スキルの体得、高度な訓練コース、さらには宇宙軍との共同演習を生涯にわたって継続的に行うことで、競争や紛争で優位に立つガーディアンを育成することである。

宇宙デルタ１：訓練
宇宙デルタ10：ドクトリン、ウォーゲーム
宇宙デルタ11：射撃場、対抗部隊
宇宙デルタ12：試験、評価
宇宙デルタ13：教育

その他の組織

●宇宙開発庁

宇宙開発庁（ＳＤＡ）は２０２２年10月、研究工学担当国防次官の監督下からＵＳＳＦに移管され、地上任務を支援する統合戦闘部隊に宇宙ベースの能力を迅速に提供する責任を負っている。ＳＤＡは低軌道（ＬＥＯ）衛星群を構築しており、当初はミサイル追跡と

戦闘部隊のプラットフォームにデータを迅速に中継するための衛星通信接続に焦点を当てていた。注目すべきことに、ＳＤＡは宇宙システムコマンドの指揮下にはない。代わりに、ＳＤＡは調達については宇宙調達担当空軍次官補に報告し、その他すべての問題についてはは宇宙作戦部長に報告する（図表２－２〔１０８頁〕参照）。ＳＤＡは自らの方針を設定し、自らのシステムをいかに開発し調達するかを決定する権限を有している。

●宇宙迅速能力局

２０１８年度に設立された宇宙迅速能力局（Ｓｐａｃｅ　ＲＣＯ）は、調達問題については宇宙調達担当の空軍次官補の直属の機関であり、その他すべての問題については宇宙作戦部長に報告する（この関係はＳＤＡと同じ。図表２－２参照）。

宇宙軍の物資調達能力の構成要素であるＳｐａｓｅ　ＲＣＯは、「戦闘に即応したスピードで作戦上優勢な宇宙能力を提供する」任務を負っており、アジャイル（迅速）かつ合理化された方法で組織されている。意思決定権限、短い指揮命令系統、契約などの統合されたサポート機能を備えたＳｐａｃｅ　ＲＣＯは、プロトタイプ（宇宙作戦に必要なあらゆる装備品の試作品）を開発してＳＳＣに迅速に納入する。

米宇宙コマンド

２０１９年に設立された米宇宙コマンド（ＵＳＳＰＡＣＥＣＯＭ）は、２０２３年後半にコロラドスプリングスの本部で完全な運用体制に入った。米軍は、人工知能を使って、中国のものをはじめとする宇宙空間の物体を追跡することを計画している。米宇宙コマンドが監視する必要のある軌道上の物体の数は、同組織が２０１９年に統合司令部として再登場して以来、ほぼ2倍の４万６０００以上になっている。

消滅した衛星や活動中の衛星、ロケット本体までを追跡すると、大量のデータが生成される。ＡＩを使用して、これらのデータを「可能な限り最大限に活用」し、最も重要なタスクに取り組むために部下を解放する。

宇宙コマンドは、中国の宇宙での行動を24時間体制で観察しており、中国の戦術、技術、手順の開発を研究している。中国はまだ大きな宇宙アーキテクチャを構築していないが、そのための努力をしている。宇宙コマンドは、そんな中国が宇宙でどのように作戦を実施しているかを観察しているのだ。

宇宙軍の即応型宇宙ミッション[40]

宇宙軍の即応型宇宙ミッションが2023年8月30日の時点で「ホットスタンバイ(Hot Standby)」と呼ばれる段階に突入している。

具体的にいうと、米宇宙軍はビクタス・ノックス[41]というミッションで、命令から短時間(2023年9月24日の打上げでは27時間以内)でのロケット打上げと衛星提供会社へのサービス提供依頼に対し、24時間以内に対応する態勢を要求している。

ビクタス・ノックスミッションは、衛星の製造、ロケットへの衛星搭載、衛星の軌道への投入を迅速なスケジュールで行う能力を実証することだ。衛星メーカーであるボーイング傘下のミレニアム・スペース・システムズ(Millennium Space Systems)社と、ミッションの打ち上げプロバイダーであるファイアフライ・エアロスペース(Firefly Aerospace)[42]社は、2022年9月からこのミッションの準備を進めてきた。

ファイアフライ社の2023年8月30日の声明によると、同社は現在「ホットスタンバイ」段階にあり、今後6ヶ月以内に宇宙軍から衛星とロケットの打ち上げが可能になるよう要請されている。

ミレニアム社は、打上げ命令を受けたあと、衛星を60時間以内にカリフォルニアのバンデンバーグ宇宙空軍基地に運び、燃料を補給し、ファイアフライのアルファロケットのペイロードアダプターに衛星を組み込む。そして、ミッションの24時間前になると、ファイアフライ社に打上げ前の最終準備を依頼する。

衛星が軌道に乗ると、ミレニアム社は二日以内に衛星と最初のコンタクトを取り、その後すぐに宇宙領域把握（ＳＤＡ）のミッションを開始する。

ビクタス・ノックスは、戦術即応宇宙（Tactically Responsive Space）と名付けられた能力を実際に使用する場合の作戦状況に、可能な限り近づけることを目的としている。

衛星軌道上の脅威に対応するため、あるいは劣化または破壊された衛星システムを補強するために、衛星を素早く打上げられるようにする。これは、軌道上に予備の衛星を持ち、必要に応じて電源を入れたり、所定の位置に移動させることを意味する。ひいては商業パートナーと協力して危機時にデータを購入したり、要求に応じて打上げ準備が整った衛星

40　Courtney Albon, "Space Force responsive space mission enters 'hot standby' phase", C4ISRNet, Aug 31,2023

41　Victus Nox、ラテン語で「夜を征服せよ」という意味。

42　２０１４年に創業された小型ロケット「ファイアフライ・アルファ」のベンチャー企業。米国のテキサス州に拠点を持つ。

の迅速な地上配置が可能となる。

ビクタス・ノックスは、宇宙軍の2番目の戦術即応ミッションである。最初のミッションは2021年にノースロップ・グラマン社の「ペガサスXL」ロケットで打ち上げられた。

宇宙軍は今回、国防省の防衛イノベーションユニット（DIU：Defense Innovation Unit）と協力して3回目の打ち上げ計画を立てている。DIUは2023年8月24日、「ビクタス・ヘイズ（Victus Haze）」と名付けられたミッションが、「商業的能力を活用したすべてのプロセスの実行」に焦点を当てたものであると発表した。

ビクタス・ヘイズは、米宇宙軍によって開発されたミッションで、衛星を軌道上に迅速に打ち上げることを可能にする。このミッションは、ロケットや衛星等の取得プロセスを改善し、契約締結、打上げ、軌道上チェックアウトのタイムラインを短縮することを目的としている。また、宇宙軍が脅威とニーズに対応する戦術を採用することを支援する。

5　宇宙戦におけるグレーゾーン問題にいかに対処するか

ロシア・ウクライナ戦争は、現代戦を研究し理解する際に、避けては通れない学びの場になっている。米宇宙軍の作戦部長チャンス・サルツマン大将は、「ウクライナで行われている戦いを見渡すと、宇宙軍を構築するうえで心に刻むべき重要な教訓がいくつかある。米国は宇宙領域で新たなグレーゾーンにおける戦いが存在することを認識している」と語っている。

米国の戦略的競争相手国である中国やロシアは、地球上と宇宙空間の両方で、平和でもない戦争でもない、その狭間に存在するグレーゾーンを利用した戦いを重視している。

本項では、グレーゾーンの利用を重視している中国やロシアにいかに対処するかについて考えてみたい。

宇宙戦における問題認識

米宇宙軍の宇宙戦における関心は「グレーゾーン」に移行しつつある。従来の紛争は、明確な境界線、交戦規則、特定可能な主体によって定義される。しかし、宇宙のグレーゾーンにおける戦いは地球上の戦いと違って、境界線がなく、交戦規則がなく、誰がどこから攻撃してくるのか明確ではなく、軍と非軍事（民間）の活動を区別するのが難しい。ジョージ・ワシントン大学の宇宙安全保障の専門家ジョン・クライン[43]は「宇宙における米国の利益を守ろうとする米軍は、ライバル国が全面的な戦争を引き起こすことなく戦略的目標を達成しようとする、グレーゾーン作戦にも備える必要がある」と注意喚起している。

中国やロシアは、地球上と宇宙空間の両方でサイバー攻撃や通信妨害、その他明確に特定するのが難しいグレーゾーン作戦に熟練している。

先に紹介したサルツマン宇宙軍作戦部長も「米国は宇宙領域でこうした新たな力関係が形成されていることを認識しており、宇宙軍は中国やロシアとの長期にわたる競争に対処するために『競争的持久（Competitive Endurance）』[44]戦略を採用している。課題は、国家が実際に戦争状態にないグレーゾーン事態の場合でも、ライバル国の宇宙パワーにいかに対抗するかだ」と述べている。

宇宙における「法律戦」[45]

グレーゾーンの戦いの典型例は法律戦（lawfare）である。ジョン・クラインは新著『最後のフロンティアの戦い：宇宙における不規則戦』（未邦訳）[46]のなかで、中国とロシアが使用する「法律戦」、つまり条約の法的曖昧さを利用して宇宙の状況を自国に有利なものにする戦いの重要性を強調している。

宇宙における法律戦は、国際条約や規範を歪曲して解釈することにより、対宇宙システムの開発を自らに許可しながら、相手の行動を制限することを目的としている。例えば、中国は既存の協定に違反していないと主張しながらサイバー攻撃を実行している。南シナ海で係争中の海洋領土問題において、戦争することなく人工島を構築することにより実効支配をしている。これらはサイバー領域と海洋領域における法律戦の一例だ。

宇宙監視の専門家らは、中国がランデブー・接近運用（ＲＰＯ）において顕著な進歩を遂げていると指摘している。中国は静止軌道上でそのような能力を実証しただけでなく、衛星を低軌道に配置し、ほかの自国宇宙船を標的として攻撃的な運用をした。

クラインは、中国が南シナ海の法律戦モデルを宇宙に拡張し、１９６７年の宇宙条約で禁止されている準軍事インフラを月面に構築する可能性があるとしている。

43 ジョージ・ワシントン大学宇宙政策研究所の非常勤教授。
44 チャンス・サルツマン宇宙軍作戦部長は、宇宙作戦の新しい実践理論を提案し、それを「競争的持久」と呼び、「米国の宇宙へのアクセスを確保し、中国やロシアのような宇宙大国との競争が紛争や危機に発展しないようにする手段である」と定義した。2023/03。
45 Sandra Erwin, "Space Competition Enters the Gray Zone", November 14, 2023
46 John Klein, "Fight for the Final Frontier: Irregular Warfare in Space"

中国は２０２０年のアルテミス協定の規定を利用して、将来の宇宙経済における競争力を強化する可能性がある。アルテミス協定はＮＡＳＡ主導の合意で現在までに31ヶ国が署名しており、活動が宇宙条約に準拠していることを保証しながら、民間宇宙探査の指針となる基本的な規範を確立する拘束力のない一連の原則である。

中国が法律戦を使えば、アルテミス協定で認められた「安全地帯」内でインフラを構築し、月から資源を採取できる可能性がある。

中国が計画している月星空間への拡大は、中国が南シナ海で行っていることとあまり変わらないのだ。

中国はグレーゾーンを重視している

戦いには「物理的な破壊を伴う戦い、目に見える戦い」（キネティックな戦い）と「物理的な破壊を伴わない戦い、目に見えない戦い」（ノンキネティックな戦い）がある。ノンキネティックな戦いの代表例は情報戦、サイバー戦、通信妨害などである。西側の軍事ドクトリンは伝統的に火力を中心としたキネティックな戦いをメインとするために、グレーゾーンにおける情報戦、サイバー戦、非軍事組織を利用した非正規戦などのノンキネティックな戦いを主体としてこなかった。その意味で、西側諸国はグレーゾーンを利用した戦いに慣れていない。米軍も例外ではない。

欧米では、「平和か戦争か」という二項対立的な見方が主流であった。一方、中国にとって、クラウゼビッツの名言〈戦争とは、異なる手段を持って継続される政治に他ならない〉こそ、理に適った正しい論なのだ。この視点は、中国がグレーゾーン戦を重視し、成功してきた理由を説明している。

中国も宇宙システムによってもたらされる情報の利点を理解している。したがって、米国は、いかなる種類の紛争においても、自国の衛星ネットワークがノンキネティックな攻撃（例えばサイバー攻撃）を受けることを懸念すべきである。中国は、必要性があれば衛星や地上局を攻撃すると考えている。

宇宙政策の専門家ジョン・クラインは、「米宇宙軍の任務は、宇宙における米国の利益を守ることである。その際に、ライバル国が全面的な戦争を引き起こすことなく戦略的目標を達成しようとする、グレーゾーン戦術に備える必要がある」と指摘している。

米宇宙軍の「競争的持久」戦略

米宇宙軍のサルツマン作戦部長は、

「国家が実際に戦争状態にない場合でも、ライバル国の宇宙パワーに積極的に対抗する必要がある」

「私は中国との関係で、危機や紛争の状態ではなく、競争状態にあることを好む[47]」

との発言をしており、先に触れたように、

「米国は宇宙領域でこうした新たなグレーゾーンにおける戦いが存在することを認識している。そのため、宇宙軍は、中国やロシアとの長期にわたる競争に対処するために、宇宙戦における新しい実践理論である『競争的持久（competitive endurance）』戦略を採用している」のだ。

彼は、競争的持久戦略を、「米国の宇宙へのアクセスを確保し、中国やロシアのような宇宙大国との競争が、紛争や危機に発展しないようにする手段である」と定義した。要するに、抑止だ。

サルツマン作戦部長はまた、以下のようにも言っている。

「私は、競争的持久を、宇宙軍という若い軍種の成功にとって極めて重要であると評価し、対話の出発点にするつもりだ。この競争的持久戦略の目標は、危機や紛争が宇宙に拡散することを阻止する能力を最大限に高め、必要に応じて統合軍が宇宙の優位性を獲得しながら、同時に宇宙領域の安全、安心、長期的な持続可能性を維持できるようにすることである。『競争的持久』を支えるのは三つの中心的な原則である」

三つの中心的な原則とは以下の通りだ。

①作戦的奇襲を回避する

宇宙領域把握（ＳＤＡ）は、米宇宙軍と宇宙軍の「宇宙デルタ２（Space Delta 2）[48]」にとって重要な任務だ。

宇宙での持続性向上への最初のステップは、その宇宙領域把握を「包括的で実行可能な」ものにすることだ。

米宇宙軍は、宇宙における統合軍の優位性を損なう可能性のある作戦環境の変化を察知

47　２０２３年10月18日、米国のシンクタンクＣＮＡＳでの発言。

48　「宇宙デルタ２」は宇宙軍の16個ある「宇宙デルタ部隊」のひとつで４００人の部隊だ。宇宙領域把握と宇宙戦闘管理作戦を実施する。

し、先手を打たなければいけない。奇襲されてはいけない。

国防省は宇宙交通管理も担当し、数万の商業衛星や民間衛星、さらにはデブリを監視してきた。将来的にはその任務が商務省に移管される予定であり、宇宙軍はその領域の潜在的な脅威の監視にさらに集中できるようになる。

②先行者利益の否定

宇宙軍は作戦環境の変化を追跡できなければならないが、認識だけでは敵を阻止できない。また、国防省の衛星群は十分なレジリエンス（回復力）を持っていない。そのため敵は数機を破壊するだけで甚大な影響を与えることが可能だろう。このような状況では、最初に攻撃を仕掛けたほうが有利だ。

宇宙軍は敵による衛星への攻撃を非現実的かつ自滅的なものとし、敵がそもそものような行動を取るのを思いとどまるようにしなければいけない。

③責任ある対宇宙キャンペーン

敵の資産にリスクを与える能力を持つことにより抑止力は強化される。これは、サルツマン作戦部長の信条である「競争的持久」の中核である。

サルツマン作戦部長は、「宇宙軍は、ライバル国に宇宙での破壊的な軍事活動のエスカレートをさせることなく、競争を通じて作戦を展開し、米国の優位性を維持しなければならない。そのために、宇宙軍は国防省とその他の政府機関、同盟国と協力して宇宙での責任ある行動を奨励し、それに従わない者とは対決する」と明言している。

6 米国の宇宙覇権の未来

ここまで見てきたように、米国の宇宙政策は一貫して「宇宙におけるリーダーシップの維持」である。このリーダーシップにより米国は発展し、超大国として存在しつづけたのだ。米国の総合的な国力（軍事力、経済力、科学技術力、民間の力を活用したイノベーション力、政治力、外交力）から判断して、この米国の宇宙におけるリーダーシップは近い将来においても揺るぎそうもない。一抹の不安は、「アメリカ・ファースト」のスローガンが典型例だが、米国が独りよがりな一国主義に陥り、国際協調を無視してまで自国利益を優先しすぎる可能性があることだ。

米国の歴代政権の多くは、同盟国やパートナー国と協力しながら宇宙開発を推進すると宣言してきた。米国が今後とも、宇宙開発における国際協調を重視し、私企業のインセンティブを奨励し、強い抑止力を背景とした抜かりのない宇宙安全保障を同盟国やパートナー国と推進することを願ってやまない。

その結果として、宇宙における科学・ビジネス・国家安全保障上の利益を各国が享受し、人類に平和と繁栄がもたらされる。それを米国が主導するならば、米国の宇宙優勢は安泰だろう。

第三章

宇宙強国を目指す中国

〈広大な宇宙を探検し、宇宙産業を発展させ、中国を宇宙強国にすることは、私たちがたゆまず追求する夢だ。〉（２０１６年の中国の宇宙白書『２０１６中国的航天』[49]）

1　中国の宇宙覇権の野望

中国は、毛沢東の時代から「両弾一星」を国家存続のために不可欠な戦略的技術として重視してきた。「両弾」とは核爆弾と誘導弾（ミサイル）のことで、「一星」とは人工衛星のことだ。多くの中国人民が餓死するような厳しい状況においても開発を継続してきたのが「両弾一星」だ。

習近平国家主席は、毛沢東の路線を踏襲して宇宙開発を重視しているが、その宇宙開発は中国人民解放軍（以下、解放軍）が中核となって推進されている。つまり、中国の宇宙開発は軍事主導である点が大きな特徴である。

習近平主席の夢

習近平国家主席は多くの夢を語っている。「中華民族の偉大なる復興」「海洋強国の夢」

「航空強国の夢」「技術強国の夢」「サイバー強国の夢」「ＩＴ強国の夢」そして「宇宙強国の夢」を実現すると宣言している。多くの夢のなかでも「両弾一星」に繋がる「宇宙強国の夢」は優先度の高い実現すべき夢である。

習主席は２０１３年、中国の宇宙飛行士と話した際に、自らの「宇宙の夢」を中国の夢全体の一部として説明し、中国は「宇宙計画の発展によって」さらに強くなると述べている。また、『２０１６中国的航天』は、〈広大な宇宙を探検し、宇宙産業を発展させ、中国を宇宙強国にすることは、私たちがたゆまず追求する夢であり、２０３０年にそれを達成する。〉と宣言している。

習主席は２０１７年10月の第一九回党大会演説で、中国が「航空宇宙」を含むあらゆる分野で最終的に革新的国家になることの重要性を強調した。宇宙強国になることが中国の国力を強化し、「中華民族の偉大なる復興」を実現するために不可欠な要素だと認識しているからだ。

49 『２０１６中国的航天』、国务院新闻办公室、２０１６年12月
http://www.gov.cn/zhengce/2016-12/27/content_5153378.htm

あらゆる宇宙技術は「軍民両用」であり、宇宙に関する能力は、軍事のみならず商業などの民間用途にも不可欠なサービスを提供している。

宇宙ビジネスにおける技術およびコスト面での参入障壁が低下し、多くの国々や企業が人工衛星の建造、ロケット発射、宇宙探査、有人宇宙飛行などに参加できるようになった。この進歩は新たなビジネスチャンスを生み出しているが、新たなリスクも生じている。なぜなら一部の権威主義国家、とくに中国やロシアは、宇宙空間において米国に対抗し、他国の宇宙利用を脅かす能力（Counter Space＝対宇宙能力）を向上させているからだ。宇宙はいまや、現代戦において最も重要な「ドメイン（戦う領域）」のひとつであり、大国が制宙権（宇宙の支配権）を確保しようと争う舞台となっている。

中国は宇宙安全保障について、２０１９年に発行された『国防白書』で〈宇宙における中国の安全保障上の利益を守る〉必要性を強調している。さらに、中国政府の究極の目標は〈宇宙空間に安全に出入りし、公然と利用すること〉であると記述されている。宇宙が〈国際的な戦略的競争における重要な領域〉となりつつあるなか、中国の指導者らは宇宙における中国の安全が保障されていないと考えている。[50]

中国の宇宙強国建設の骨幹には「宇宙を制する者は地球を制する」という信念がある。

中国が宇宙を支配しようとする際に障害となるのが米国の存在である。そのため、宇宙強国の狙いは、「宇宙における米国の覇権を阻止することにより、世界規模での米国の覇権を阻止する」ことである。[51]

中国は米国の宇宙への依存を最大の弱点だと思っている

米国は、経済的にも軍事的にも宇宙資産（人工衛星等）に大きく依存している。中国は、米国の宇宙への依存を米国の最大の脆弱性と見なしている。中国の宇宙での攻撃機能は、米国のほぼすべての宇宙資産と宇宙での活動を脅かすように設計されている。中国軍事科学アカデミーの『軍事戦略』（２０１３年版）によると、宇宙システムは〈攻撃が容易で防御が困難〉なものであり、〈敵の宇宙システムの重要な結節点（ノード）〉はとくに価値のある攻撃目標になる。また、指揮統制システムは〈重要な〉攻撃目標であり、宇宙情報

50　White Paper "China and the World in the New Era", State Council Information Office of the People's Repuclic of China, 2019
http://english.scio.gov.cn/2019-09/28/content_75252746.htm
51　"Tailoring Deterrence for China in Space", RAND

システムは〈最重要なターゲット〉であると主張している。

中国は、米国の宇宙ベースの能力による軍事的、商業的、民間的利点を排除しようと努めており、偵察、早期警戒、通信、ナビゲーション・システムを含むこれらの宇宙ベースの能力を攻撃目標としている。中国は、米国が有する宇宙資産には重大な脆弱性があると認識しており、米国の宇宙資産のほぼすべてを標的にできる対宇宙兵器を保有している。

平和的および科学的目的のみに宇宙を活用するという中国政府の一貫した公的立場もあり、中国の指導者は中国の宇宙における軍事的野心や準備に直接言及していない。しかし、北京が宇宙に関して大きな計画を持っていることは、解放軍の各種文書から明らかである。

中国の軍事文書に関する西側の分析によると、中国の分析家の間で最も重要な前提は「『宇宙を制する者は地球を制する』という信念」であるという。この信念は、宇宙が地上の戦場での成功の基盤となるという前提に基づいている。実際、宇宙は解放軍の戦場での勝利にとって非常に重要であるため、宇宙を効果的に利用しなければ現代戦争を遂行することは不可能である。

中国の軍事アナリストは「まず宇宙で主導権を握らなければならない」と考えている。そのためには、中国が宇宙を自由に使用し、敵に対して宇宙の使用を拒否する能力として定義される「宇宙覇権」を達成する必要があると認識している。

2 中国の宇宙開発の全貌

図表3-1　稼働中の人工衛星数

順位	国　名	衛星の数
1位	米国	3415
2位	中国	535
3位	英国	486
4位	多国籍	180
5位	ロシア	170
6位	日本	88
7位	インド	59
8位	カナダ	56

出典：UCS（Union of Concerned Scientists）人工衛星データベース

中国は、宇宙計画のあらゆる分野（宇宙の軍事利用、火星・月探査、有人宇宙飛行など）の発展に膨大な経済的・政治的・技術的資源を費やしてきた。中国の宇宙開発は、ソ連のスプートニク1号の打上げから9ヶ月も経たない1958年に始まった。しかし、米国とソ連に対抗するという中国の野望は、1960年後半まで続いた国内の政治的な権力闘争のため、困難に直面した。中国が最初の人工衛星を打ち上げたのは1970年の4月だった。日本初の人工衛星「おおすみ」の打上げ成功が同年2月だから日本の後塵を拝する結果になった。

毛沢東の死後、鄧小平の下で宇宙開発が進められ、長征ロケットシリーズの改良が継続し、商業衛星の打上げも進展してきた。

中国はいまや、稼働中の衛星数で米国に次ぐ宇宙大国になっている（図表3－1参照）。急成長する中国の宇宙開発は、科学技術部門の強化、国際関係、軍の作戦能力向上など、民生と軍事の両方に貢献している。つまり、習主席の「中国の夢」の実現にとって不可欠な要素となっているのだ。

以下、中国の宇宙開発の動向について、中国の宇宙白書である『2021中国的航天[52]』とその和訳[53]に基づき説明する。

宇宙技術と宇宙システムの開発

中国の宇宙事業は、主要な核心技術の研究と応用を加速させて宇宙技術とシステムを精力的に開発し、宇宙輸送、宇宙探査、宇宙利用および宇宙管理の能力を全体的に向上させ、持続可能な宇宙開発を促進している。

●宇宙輸送システム

2016年以降、2021年12月の時点で、中国は合計207回の打上げミッションを完了している。そのうち長征シリーズのロケットは183回の打上げを行い、打上げの総数は400回を超えた。ロケットの多様な打上げサービス能力が新たなレベルに到達した。「長征11号」は海上での商業応用衛星の打上げに成功し、「捷龍1号」「快舟1A号」「双曲線1号」「穀神星1号」などの商用ロケットの打上げにも成功している。さらには再使用可能なロケットの飛行実証試験テストも成功した。

今後5年間、中国は宇宙輸送システムの総合的な性能を改善し、ロケットのアップグレードを加速しつづけるだろう。加えて、打上げロケットのシリーズ機種の開発を促進し、次世代の有人打上げロケットと高推力の固体燃料ロケットの開発、大型ロケットの開発を加速させるだろう。宇宙輸送システムの再使用のための主要技術の研究と実証および検証も継続して実施している。

52 『2021中国的航天』、国务院新闻办公室、2022年1月
http://www.gov.cn/zhengce/2022-01/28/content_5670920.htm

53 辻野照久〝2021年版中国宇宙白書（仮訳）〟定点観測シリーズ　中国の宇宙開発動向（その19）参考資料

●ISR衛星と通信衛星

中国は、世界的な状況認識を強化するために、宇宙に根拠を置く強力なISR（情報・監視・偵察）能力を運用している。中国のISR衛星は、軍事および民間のリモートセンシングとマッピング（地図を作成すること）、陸上および海上の監視、軍事情報の収集に使用される電子光学式および合成開口レーダー（SAR）[54]画像、ならびに電子情報および信号情報データを提供することができる。

中国は2016年、世界初の量子通信衛星[55]を打ち上げた。中国は、2016〜2020年の研究開発の重点分野のひとつとして量子通信と量子コンピューティングを含めている。

中国のISRとリモートセンシング衛星の保有数は2018年の時点で、120基を超え、米国に次ぐ規模となっている。これらのISRシステムの約半数は解放軍が所有・運用しており、その大半は、全世界、とくにインド太平洋地域における米軍およびその同盟国・友好国軍に対する監視、追跡、ターゲティングを支援することができる。また、これらの衛星を利用することで、解放軍は朝鮮半島や台湾、南シナ海などの地域における潜在的なリスクに対する状況認識を維持することもできる。

また、中国は30基以上の通信衛星を保有・運用しており、そのうち4基は軍事用だ。中国は軍事衛星を国内で生産し、軍事仕様の基準が厳しい部品が多く使われている。民間通信衛星には市販の部品が多く組み込まれている。さらに、中国は、世界の衛星通信分野での主導権を確立するための野心的な計画に着手した。即ち、非常に安全な通信システムを提供する量子通信のような複数の次世代能力を試験しているのだ。

●地球観測衛星システム

中国の高解像度地球観測システムの宇宙ベースの部分は基本的に完成した。地上観測事業サービスの総合力が大幅に向上し、国土資源の調査観測をする「資源３－03」衛星、環境減災を目的とした「環境２Ａ」衛星と「環境２Ｂ」衛星のほか多くの商用リモートセンシング衛星が首尾よく打ち上げられた。

海洋観測は、世界の海域を多要素、多スケール、高解像度で連続的にカバーすることを

54　ＳＡＲ（合成開口レーダー）は、人工衛星や航空機などに搭載したアンテナから電波を地表に向けて照射し、地表からの反射波を受信することにより地表の形状や性質についての画像情報を取得するレーダー。小型ＳＡＲは、従来の大型ＳＡＲ衛星と同等に近い性能を保有するが、小型・軽量による低価格化をはかることで多数基生産が可能。

55　量子暗号通信技術を利用した衛星。

実現し、中国近海の海洋資源や環境の観測、海洋災害の予防などに活用される「海洋1C」衛星と「海洋1D」衛星、さらに海面の風向、波と海洋の流れを全面的に観測できる「海洋2B」衛星、「海洋2C」衛星、「海洋2D」衛星の打上げに成功した。

洗練された包括的な観測機能が飛躍的に進歩し、新世代の静止気象衛星「風雲4A」衛星、「風雲4B」衛星の打上げにも成功し、全天候型の洗練された3次元的観測[56]を実現している。

また、「一帯一路(BRI:The Belt and Road Initiative)」に沿った国と地域に衛星監視サービスを提供するため、「風雲2H」衛星の打上げにも成功した。リモートセンシング衛星地上システムはさらに改良されており、基本的には衛星リモートセンシングデータのグローバル受信、高速処理、運用サービスが可能である。

●衛星通信放送システム

固定衛星通信放送システム[57]の構築は着実に進展し、放送が届く地域や通信容量の性能はさらに向上した。「中星6C」や「中星9B」などの通信衛星が、テレビ放送サービスの継続的かつ安定したサポートのために成功裡に打ち上げられた。「中星16」衛星、

「APStar6D」衛星の打上げにも成功し、衛星の通信容量が50ギガビット／秒に達し、中国の衛星通信は「ハイスループット[58]」時代に入った。

メッセージングやデータなどの移動体通信サービス機能を有する移動体通信放送衛星システムは徐々に改良され、「天通1－02号」衛星、「天通1－03号」衛星の打上げに成功し、「天通1－01号」衛星とともに運用されている。

データ中継衛星システムの構築は新たなアップグレードの段階に入り、「天鏈（てんれん）1－05」衛星と「天鏈2－01」衛星の打上げに成功し、全体的な性能が大幅に向上した。衛星通信および放送地上システムも継続的に改善され、衛星通信放送インターネット接続、モノのインターネット（IoT：Internet of Things）および宇宙と地球のグローバルな統合をカバーする情報サービス機能を形成している。

56　雲の観測を例にとると、水平的な観測（水平分解）と高度的な観測（高度分解）、時間的な観測（時間分解）の三つの観測による3次元的観測が重要になる。

57　静止軌道に通信衛星を打上げて構築した衛星通信放送システム。

58　ハイスループット（High Throughput）衛星とは、高い情報処理能力を持つ人工衛星のこと。

北斗衛星測位システムと「デジタルシルクロード構想（DSI）」

中国は、国産の北斗衛星測位システム（米国のGPSに相当）の改良を続けている（図表3－2参照）。そして、地域PNTサービスを提供し、2018年に世界的な次世代北斗衛星測位システムの初期運用能力を達成した。[59] 北斗衛星測位システムは、PNTを提供するだけでなく、ユーザー間の大量通信を可能にし、解放軍の追加の指揮・統制機能を提供するために、テキストメッセージやショートメッセージによるユーザー追跡を含む独自の機能を提供している。

すでに北斗3型衛星30基の打上げが完了し、航行測位システムが完成し、運用を開始している。北斗システムには、PNTのほかに、グローバルショートメッセージ通信・地域ショートメッセージ通信、国際捜索救助、衛星ベースの補強システム、地上ベースの補強システム、正確なシングルポイント測位（一地点での位置標定）など7種類のサービス機能があり、そのサービス性能は世界最高水準に達している。

今後5年間、中国は国家の宇宙インフラを改善しつづけ、リモートセンシング、通信、ナビゲーション衛星融合技術の開発を促進し、ユビキタス通信（あらゆる場所で繋がりつづ

図表3-2　北斗衛星測位システム

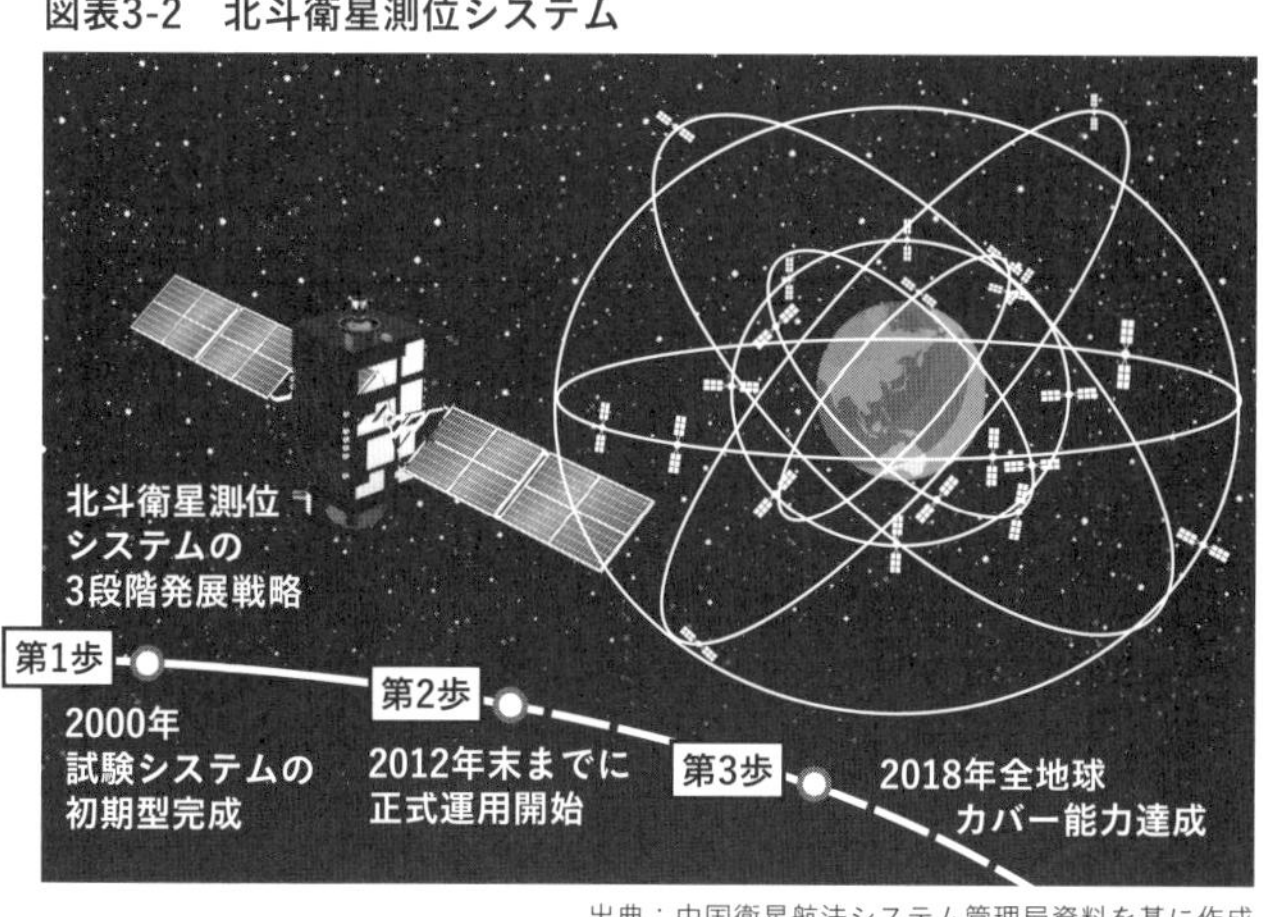

出典：中国衛星航法システム管理局資料を基に作成

ける通信ネットワーク）、正確な時空間および全方位の空間情報サービス能力拡大を加速させる。

高軌道と低軌道の協調を備えた衛星通信システムの構築を促進し、新しい通信衛星技術の検証と商用利用を実施し、第二世代のデータ中継衛星システムの構築を目指している。次世代の北斗衛星ナビゲーション・システムのナビゲーション通信の統合や低軌道の強化など、綿密な研究と技術革新を実行し、よりユビキタスで、より統合された、よりインテリジェントな、全土を網羅した包括的なPN

59　地域PNTサービスとは、特定の地域を対象とした宇宙ベースの位置標定・航法・タイミングのサービスのこと。

Tシステムの構築を促進している。そのうえで衛星リモートセンシング、通信および航行測位の地上システムの改善も継続する。

中国はまた、自国で開発した通信衛星を含む衛星技術を世界に輸出している。中国は世界中のユーザーに衛星通信のサポートを提供し、少なくとも三つの新しい通信コンステレーションを開発する計画だ。

さらに北斗衛星測位システムを利用して、「一帯一路構想」に参加する国々に対し、追加的なサービスを提供する意向だ。この「一帯一路構想」の一部として非常に有望な「デジタルシルクロード構想」がある。デジタルシルクロード構想は、一帯一路加盟国に対して中国の北斗衛星測位システム、5G高速通信網、光ファイバー網による最先端のインターネット網の提供を意図している。中国のインターネット網と監視カメラなどを組み合わせると中国が実現している「デジタル監視社会」が実現できる。さらにインターネット網とアリババなどのネット販売などのノウハウを連携させるとイーコマース（電子商取引）を展開できる。

中国の狙いは、「デジタルシルクロード構想により中国製の「デジタル監視社会」や「デジタル経済圏」を一帯一路沿線国に提供することにより、そこから発生するビッグデータを入手し、それらの国々を統制することだ。

　このように中国の構築している宇宙インフラは、中国の世界制覇の戦略と密接不可分な関係にある。

深宇宙探査[60]

●月探査プロジェクト

　中国は、月探査プロジェクトを順調に推進してきた。最近では、「嫦娥(じょうが)4号」探査機が2018年12月8日に打ち上げられ、2019年1月3日に史上初めて月の裏側での軟着陸と走行調査に成功している。この際、月は常に同じ面を地球に向けていて、月の裏側は地球との直接通信ができないが、予(あらかじ)め打ち上げられた中継衛星「鵲橋(じゃっきょう)」を介して地球との通信を確保して偉業を達成した。

　中国は2020年11月24日、「嫦娥5号」を搭載した大型ロケット「長征5号」を打ち上げ、月の石や土を地球に持ち帰る「サンプル・リターン」に挑み、成功した。中国は、

60　宇宙の遠方の領域（月、火星など）の探査。

1731グラムの月サンプルを地球に持ち帰り、米国とソ連に続いて3ヶ国目のサンプル・リターン成功国になった。さらに「嫦娥5号」は、月探査の3段階である「周回・着陸・帰還」を成功させている。

この「嫦娥5号」のプロジェクトは、将来の有人月面探査、月面基地（月の南極の解放軍が関与する軍事基地の可能性がある）の建設に繋がるであろう。

今後5年間で、中国は引き続き月探査プロジェクトを実施する。具体的には「嫦娥6号」探査機の打上げで月極域のサンプル・リターンを完了させ、「嫦娥7号」探査機の打上げで月極域での高精度な着陸、太陽光がまったく届かないクレーターでの探査を行い、「嫦娥8号」ミッションでは主要な技術的ブレーク・スルーを完了させ、関連国や国際機関と共同で国際月面科学研究ステーション建設の実施を予定している。

●火星探査プロジェクト

中国は2020年7月23日、火星探査機「天問(てんもん)1号」の打上げに成功し、火星の周回と着陸を達成した。さらに火星探査車（マーズ・ローバー）「祝融(しゅくゆう)号」が探査を行い、火星に中国探査車の足跡を初めて残した。

また、惑星探査プロジェクトの実施を継続し、小惑星探査機の打上げ、地球近傍小惑星のサンプリングとメインベルト彗星（小惑星のような軌道であるが彗星活動を示す小天体）の探査を完了させ、火星のサンプル・リターンや木星系の探査などの重要な技術的進歩を完了する予定だ。その後は太陽系の縁辺探査などの実施方策を論証することになる。

●有人飛行および宇宙ステーション

中国は２００３年、有人宇宙飛行を成功させ、いまや月着陸を見据えた有人宇宙計画を推進している。さらに、宇宙ステーション計画では、宇宙船「神舟（しんしゅう）11号」に搭乗したふたりの宇宙飛行士が２０１６年、「天宮（てんきゅう）2号」宇宙実験室とのランデブー・ドッキングを成功させ、１ヶ月間ステーションに滞在したのちに地球に帰還している。有人宇宙飛行の第二段階、即ち貨物輸送や軌道上での推進剤の補充などの主要技術の習得をクリアし、プロジェクトは無事に終了した。

その後、２０２１年4月から中国宇宙ステーション（ＣＳＳ：Chinese Space Station）の建設が開始され、中核となるモジュール「天和（てんわ）」、ふたつの実験モジュール「問天」と「夢天（むてん）」などが打ち上げられ、２０２２年11月30日に「神舟15号」のコアモジュール「天

写真3-1　「天宮宇宙ステーション（天宮2号）」

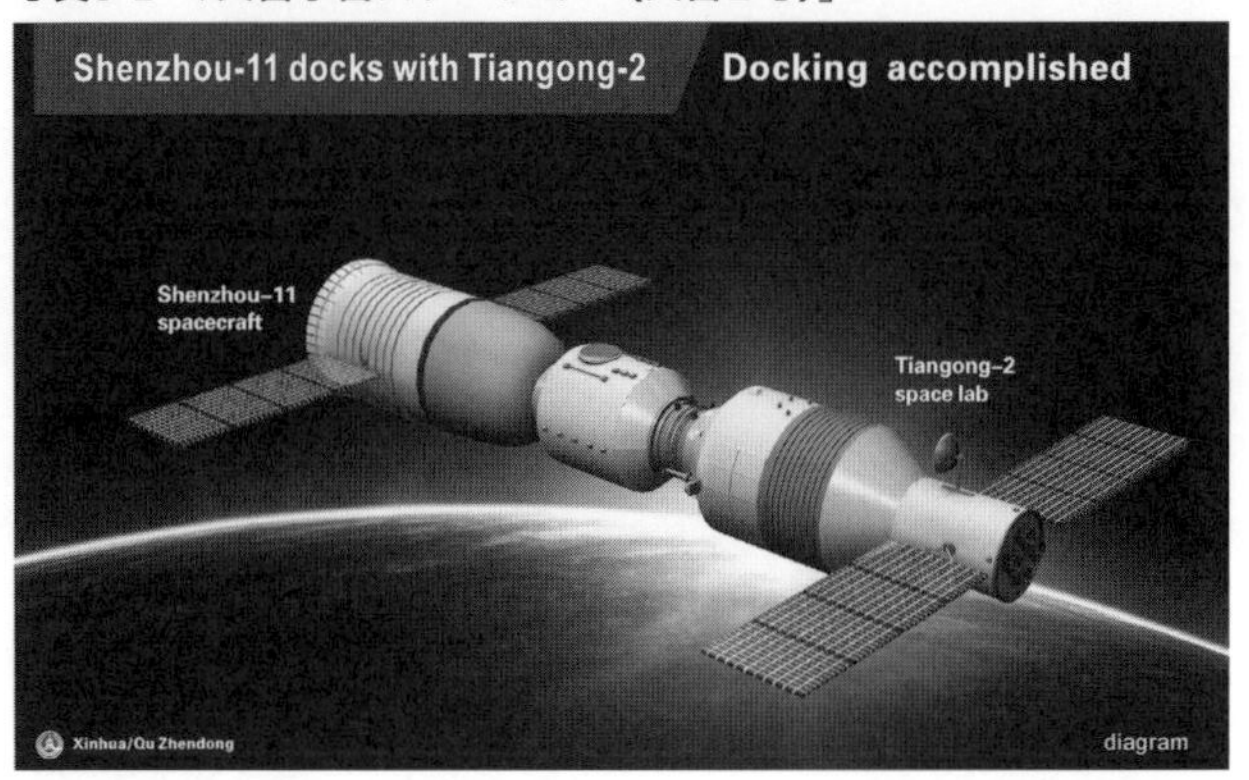

出典：Avalon／時事通信フォト

和」とのドッキングにより、国家宇宙実験室を完成させ、12月に宇宙ステーション建設が完了した。

六人の宇宙飛行士が中国の宇宙ステーションに連続して駐留し、船外活動、船外オペレーション、軌道上保守、科学実験などのタスクを実行している。

そして、有人月面着陸計画の論証を深め、キー技術の研究開発を組織する。そのうえで新世代の有人宇宙船を開発し、地球─月空間の有人探査と開発の基盤を強化する。

一方、米国が主導する国際宇宙ステーションは2024年までで運用の打ち切りを予定していたが、2025年以降は中国の宇宙ステーションしか存在しなくなることに危機感を募らせ、2030年までの運用延長を決定した。

3　2023年の中国の宇宙計画[61]

２０２２年10月の第二〇回党大会での習近平国家主席の演説で、「宇宙インフラが中国共産党の正統性を示す重要な要素である。宇宙はまた、中国の米国との戦略的競争にとって不可欠であり、国力の重要な要素である」と明示された。

習主席は中国の科学的進歩に関する演説のなかで、「中国は、有人宇宙飛行、月と火星の探査、深海と深地球の探査機、スーパーコンピュータ、衛星ナビゲーション、量子情報、原子力技術、新エネルギー技術、旅客機の製造、生物医学など、複数の分野で大きな成功を収めてきた。中国は世界のイノベーターの仲間入りを果たした」と宇宙での成果を最優先に挙げた。

この視点は、中国の宇宙活動に関する２０２１年白書に反映されており、「広大な宇宙を探索し、宇宙産業を発展させ、中国を宇宙強国にすることは、我々の永遠の夢だ……宇宙産業は国家戦略全体の重要な要素である」という習主席の指導で強調されている。つま

61　Namrata Goswami, “China's Space Program in 2023 : Taking Stock” , THE DIPLOMAT

り、宇宙能力を含む科学的革新は、中国の経済力と軍事力の継続的な成長の鍵と見なされているのだ。

この中国共産党ガイドラインの範囲内で、中国は2023年中の軍民宇宙計画の主要な優先事項を決定した。これには、重量物運搬用再利用可能なロケットの開発、複数の軌道にわたる多様な宇宙プラットフォーム、宇宙の大規模なプラットフォーム構築および拡張を目標とする関連部門が含まれる。

中国はまた、一帯一路構想の一環として、商業宇宙部門の促進、月面での能力の強化、宇宙物流システムの推進、衛星インターネット・インフラの構築を目指している。

重量物打上げロケット

中国は2023年、地球低軌道（LEO）に150トン、地球と月の移動軌道に50トンの物資を打ち上げる能力を持つ、「長征9号」重量物打上げロケットの再利用可能なバージョンの目標を発表した。これは今後7年間の中国の宇宙計画の焦点となり、3段式の「長征9号」（第一段は再利用可能）の初打上げ時期は2030年に予定されている。

中国の宇宙への野心の多くは、「長征9号」の成功にかかっている。野心には、1万トンの宇宙太陽光発電（ＳＢＳＰ）衛星の建設、火星への入植目標、小惑星ミッション[62]が含まれる。

もうひとつの注目すべきロケットは、中国の有人月着陸や月面探査に利用される「長征10号」だ。「長征10号」は、２０２７年に打上げ予定であるが、その推力エンジンの試験が２０２３年７月22日に成功した。試験エンジンは液体酸素を燃料として利用し、推力[63]は１３０トンに達した。つまり、試験エンジン１基でロケットの重量と搭載物の重量を足して１３０トンまでなら打ち上げることができるということだ。

「長征10号」は27トンの物資を地球―月間の移動軌道に打ち上げることができる。中国の月着陸船は重さ約26トンで、月着陸船モジュールと推進剤モジュールで構成されており、ふたりの宇宙飛行士を月面まで運び、逆に帰還時には月面から月周回軌道に運ぶように設計されている。

62 小惑星に行き表面物質を持ち帰るミッション。

63 推力とは、ロケットがどの位の重さのものを持ち上げることができるか、ロケットの力を示すもの。重量1トンのロケットが力強く上昇するためには推力が1トン以上必要だ。

宇宙に巨大プラットフォームを構築

２０２３年には、宇宙に大規模なプラットフォームを構築する中国の能力に関して、大きな政策展開があった。これには、将来的に天宮宇宙ステーションに天和と同様のモジュールを付加してステーションを拡張する計画が含まれていた。

２０２３年の中国の計画には、プロジェクトに関与するさまざまな宇宙機関による宇宙太陽光発電衛星の開発も含まれている。中国宇宙技術研究院（ＣＡＳＴ）は現在、大型宇宙太陽光発電衛星の建設とレーザーおよびマイクロ波パワービームの基礎技術の開発に重点を置いている。

次のステップはこれらの衛星を宇宙に配置し、地球上の地上局へのマイクロ波とレーザーの照射を実験することである。さらに有益な能力も狙っている。それは、軌道上のふたつの衛星間で実現されるレーザービームだ。例えば、レーザー送信機能を備えた太陽光発電衛星は、月の極軌道で動作し、月の極地での探査プログラムに電力を供給できる。

将来的には、宇宙太陽光発電所の建設を検討しており、現在の計画によれば、10億ワットの電力能力を持つことになる。この巨大プロジェクトは商用利用可能になるだろう。将来の宇宙発電所建設を実現するためには、無線電力伝送技術の能力を獲得する必要がある。

これは必須であり、最大の課題である。

中国はまた、人工知能（ＡＩ）の意思決定に基づいて、敵の衛星から自国の衛星を防御し、デブリを除去し、軌道上で燃料補給とメンテナンスを行う構想を持っている。そのために、宇宙に数百台のキューブサット（Cube Sat）[64]で構成される大規模な軌道プラットフォームを構築する実験も行っている。シミュレーションベースのモデリングによれば、このような大規模な軌道プラットフォームは中国に経済的、軍事的利点の両方をもたらすだろう。

宇宙物流のエンドツーエンド能力

中国は、民間と軍事の両方の戦力投射に影響を及ぼす、エンドツーエンド（端から端まで）の宇宙物流能力を開発している。宇宙は中国の戦力投射能力を可能にするものと見なされている。

今年、中国はいわゆる紛争時に戦術的に対応できる打上げ（ＴＲＳＬ：Tactically

64　キューブサットは大学の研究室などが製作する数キログラム程度の小型人工衛星である。

Responsive Space Launch）において、米国に対して大きな戦略的優位性を達成した。これには、ロケット打上げ（液体推進ロケットと固体推進ロケットの両方）、測位・航法・タイミング（ＰＮＴ）、情報・監視・偵察（ＩＳＲ）、大型衛星コンステレーションなど、宇宙ロジスティクス全般が含まれる。ＴＲＳＬは、損傷したり機能不全に陥ったりした衛星を迅速に交換しなければならないような紛争シナリオではとくに不可欠である。

中国は、地球―月のラグランジュ点（Ｌ２）[65]にある地球低軌道通信衛星で、静止軌道通信衛星である、「鵲橋（じゃっきょう）」[66]によって証明されているように、地球低軌道から月星空間までのさまざまな軌道に衛星を配置する能力を持っている。鵲橋の2号機の中継衛星は、「嫦娥6号」の月サンプル・リターン・ミッションに備えて２０２４年に打ち上げられる予定だ。

中国は固体推進ロケットの保有により、液体推進ロケットに必要な煩雑な発射プラットフォームに依存することなく、迅速に打ち上げることができる。「長征11号」のような固体燃料ロケットは、移動式輸送起立発射装置（ＴＥＬ）または海上プラットフォームから非常に迅速に発射できる。実際、中国は多様な打上げプラットフォームの構築に注力しており、米国とその民間宇宙企業が大型の液体燃料ロケットの構築に注力しているのとは対照的だ。中国にとって、これは一種の回復力を構築するための戦略的な選択だ。

中国政府はまた、ペイロード容量（搭載量）が大きく効率的だが複雑な地上支持プロセスを必要とする大型の液体燃料ロケットの製造にも注力している。さらに、そのような精巧な地上支持プロセスを必要としない固体燃料ロケットの開発にも意図的に取り組んでいる。つまり、容易に打ち上げることができる多様なロケット群の構築に力を注いでいるのだ。とりわけ大きな柔軟性と適応性を備えた固体燃料ロケットの構築に注力している。

このような能力の基本的な利点は、紛争中に少数の衛星が損傷した場合、それらの損傷した少数の衛星を交換するために迅速な打上げが可能になることだ。

これにPNT、ISR、衛星インターネットを加えた体制がロシア―ウクライナ戦争中に重要であることが証明されている。そんななか、中国は、中国全土、ロシアの一部、東南アジア、モンゴル、インド、インド洋、および一帯一路加盟国をカバーする衛星チャイナサット16号、19号、26号で構成される高軌道衛星インターネットシステム（高度3万6

65　地球―月のラグランジュ点（L2）は、地球から見て月の真裏にある。距離は地球中心から32万3049キロメートル、月中心から6万1350キロメートル。月の裏側と地球との間で交信するためには、この位置に通信衛星を置かねばならない。地球から月に物を送りたいとき、この地点付近を通過する軌道に衛星を投入する必要がある。

66　月の裏側で活動する月探査機「嫦娥4号」と地球との間の通信を中継する人工衛星。

000キロメートル）を完成したと発表した。

2025年までに、この高軌道衛星インターネットは500ギガビット／秒を超えると想定されている。ファーウェイは、このインターネットを衛星通話機能に利用した5Gスマートフォンをすでに発売している。

中国の専門家らは、高軌道ベースの衛星インターネットは、より広いエリアをカバーするために、スターリンクと比べて必要な衛星の数が少ないと主張している。なお、中国も低軌道ベースの大規模衛星群の開発を進めている。

2023年のもうひとつの興味深い展開は、中国航天科学技術総公司（CASC）の主要科学者である王偉による3年間の実現可能性調査プロジェクト（2021～2023年）の結果発表だ。

このプロジェクトは、2100年までに太陽系全体にわたる宇宙物流システムを構築することを目指している。これには、月から水や氷を抽出する能力、地球近くの小惑星、火星、小惑星帯、木星の衛星から資源を採掘する能力が含まれる。

プロジェクトのビジョンは、地球外の採掘と処理を促進する大規模な宇宙インフラを実現することだ。宇宙資源の利用を特徴とする「大宇宙時代」には、宇宙探査の世界で中国の地位が高まる可能性がある。

商業宇宙

中国の民間宇宙企業「iSpace」は、宇宙システムの実証段階に入りはじめている。iSpaceは、2023年11月2日に酒泉(しゅせん)衛星発射センター(図表3-6参照〔166頁〕)で、再利用試験ロケット「双曲線2号」の打上げと垂直着陸に成功した。これは中国初の再利用ロケットの試験で、着陸前に高度178メートルに到達し、発射から着陸まで全プロセスは50秒程度であった。「双曲線2号」の推力エンジンはメタンと液体酸素で動作する。同社はこの実験を商用の再利用可能な打上げ技術の画期的な進歩と見なしている。

別の中国の民間宇宙企業である「ランドスペース」は、「朱雀(すざく)2号」と呼ばれる世界初のメタン液体酸素ロケットの打上げに成功した。

また、宇宙新興企業「スペース・パイオニア(北京天兵科技:Beijing Tianbing Technology)」は、「天龍(てんりゅう)2号」と呼ばれる灯油推進ロケットを打ち上げ、液体推進ロケットを軌道に打ち上げた最初の企業となった。

4　中国の宇宙開発体制全般

中国の宇宙開発体制は、共産党の指導の下に、軍事、政治、国防、産業、商業の各部門から構成される複雑な構造になっている。解放軍は歴史的に中国の宇宙計画を管理してきており、宇宙を舞台としたＩＳＲ、衛星通信、衛星航法、有人宇宙飛行、ロボット宇宙探査における中核になっている。

解放軍以外の宇宙開発関連の機関は図表３－３（１６０頁）の通り。

国務院の工業・情報化部に所属する「国防科技工業局（ＳＡＳＴＩＮＤ）」は非常に重要な組織だ。国防科技工業局は、①中国の宇宙計画の策定・実施、②宇宙関連機関・企業の管理・監督、③宇宙研究開発費の割り当てなど宇宙活動の調整・管理、④軍事調達を監督する解放軍組織との実務的関係の維持、⑤中国の宇宙活動を行う国有企業の政策的指導を担当している。[67]

また、中国国家航天局（ＣＮＳＡ）は国防科技工業局の管理下で、中国の民間宇宙開発の公の顔として、世界各国との関係を強化しているが、２０１８年4月時点で中国は37ヶ国および四つの国際機関と21の民間宇宙協力協定に署名したと発表している。

一方、ロケット、人工衛星、宇宙船などを開発・製造しているのは中国航天科技集団公司と中国航天科工集団公司というふたつの巨大国有企業である。国有企業は、中国の民間および軍事の主要な宇宙請負業者だが、競争を促進するために、宇宙産業の分散化と多様化により重点が置かれている。

衛星の打上げなどの実務面を担当しているのは解放軍（有人宇宙計画は装備発展部、無人宇宙計画は戦略支援部隊）[68]で、国防科技工業局は解放軍の指導を受ける立場にあるとされている。つまり、中国の宇宙開発は、一部の民生分野や科学研究を除き、ほとんどが軍の統制下にあると言える。

解放軍の宇宙開発関連の組織図は図表3－3と図表3－4の通りだ。

67 Defense Intelligence Agency, "Challenges to Security in Space"

68 なお、本章を書き終えた直後の2024年4月18日、戦略支援部隊が突然解体され、宇宙分野を担当する後継の組織が「軍事宇宙部隊」だという報道がなされた。戦略支援部隊は、中国の宇宙安全保障を語る際に不可欠な組織であるので、本書では詳しく記述している。歴史上に戦略支援部隊という非常に重要な組織があったことを理解してもらいたい。

図表3-3　中国の宇宙開発体制

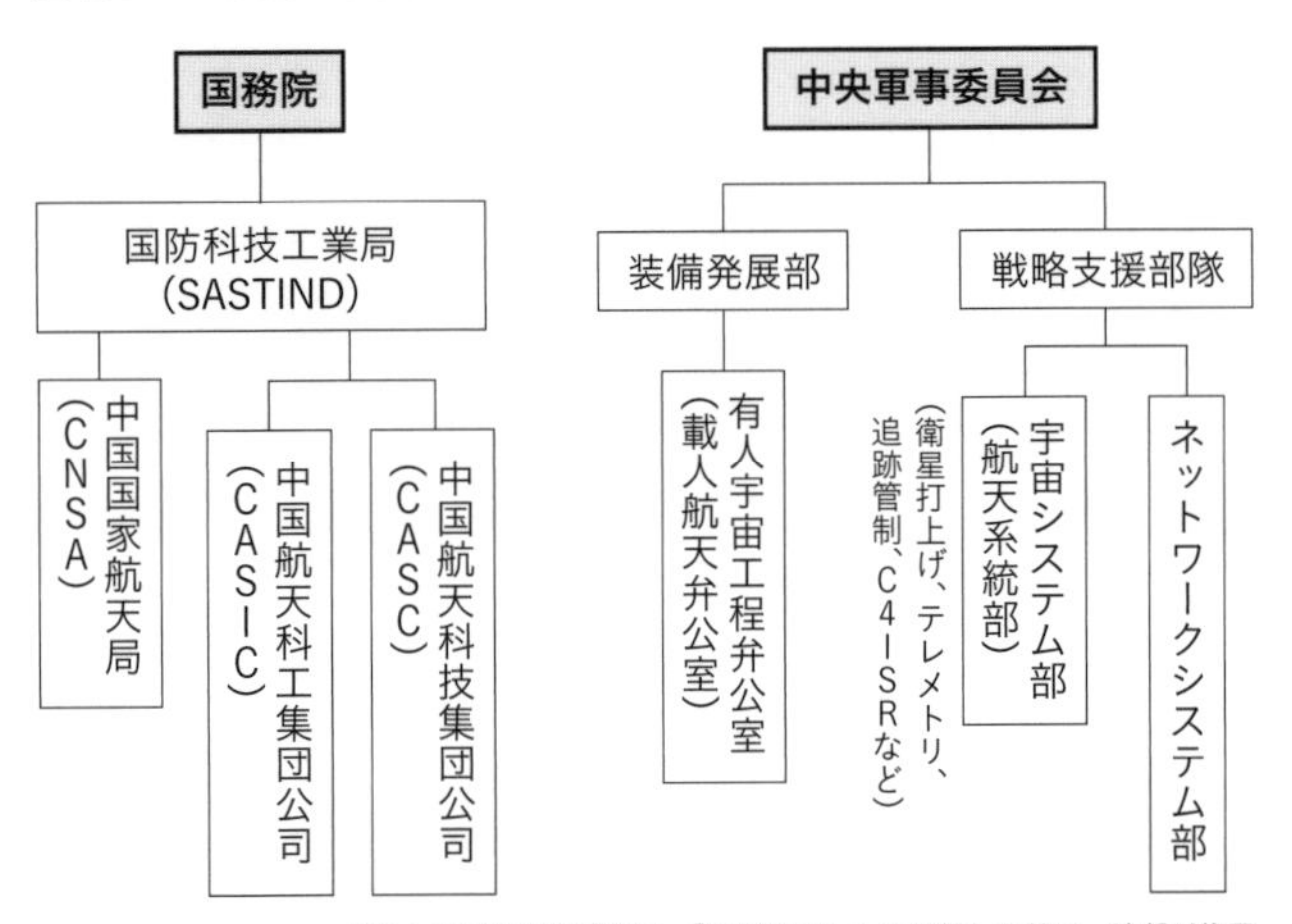

出典：寺門和夫著『中国、「宇宙強国」への野望』を基に、渡部が修正

図表3-4　戦略支援部隊の基本編制

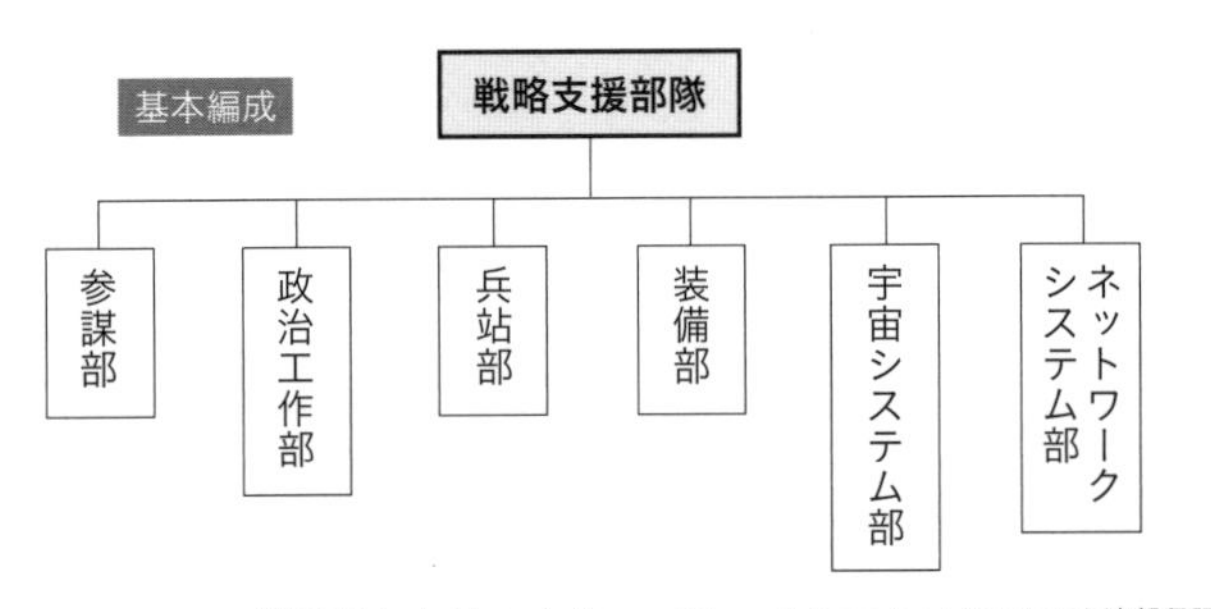

出典：China's Strategic Support Force: A Force for a New Eraを渡部翻訳

中国の宇宙開発で最も重要な組織は「解放軍の戦略支援部隊」

中国の宇宙開発でぜひ知っておいてもらいたい組織がある。解放軍の「戦略支援部隊（PLASSF：People's Liberation Army Strategic Support Force）」だ。2015年の年末から2016年の年初に解放軍の大きな改革があり、この改革により戦略支援部隊が誕生した。

解放軍は、第一次湾岸戦争（1991年）において、米軍がイラクに対する共同軍事作戦を支援するために人工衛星を活用することに成功したことを受けて、初めて宇宙の重要性を理解した。それ以来、中国は、宇宙資産を使用したデータの収集、配布、保護など、将来の解放軍の戦闘を支援するために、米国に対する情報優位の確立に重点を置いてきた。これは、宇宙における情報の優越により、解放軍の統合作戦において、リアルタイムの情報収集と分析を通じて指揮統制の決定が最適化されるという考えに至ったためだ。この重要な目的を追求するため、中国は2015年後半に戦略支援部隊を設立した。

戦略支援部隊は解放軍の宇宙活動の大部分を実行し、宇宙、サイバー、電磁波領域の能力を支援するためにあらゆる形態の情報を統合する責任を負っている。つまり、戦略支援部隊は、情報戦、宇宙戦、サイバー戦、電子戦を担当する、世界でも類を見ない部隊で、解放軍が現代戦を遂行する際に不可欠な部隊である。戦略支援部隊は、解放軍の情報戦部隊の中核であり、解放軍全体を支援し、中央軍事委員会の直接の指揮下にある。

　中国の宇宙開発には解放軍が深く関与しているが、その主役が戦略支援部隊ということになる。

　戦略支援部隊を知れば知るほど、「解放軍を侮ってはいけない」と痛感する。戦略支援部隊は秘密のベールに覆われている部隊だが、以下、米国防大学の国家戦略研究所（ＩＮＳＳ）が発表した「中国の戦略支援部隊：新時代の部隊[69]」に基づいて、説明する。

●戦略支援部隊の特徴

　戦略支援部隊の基本編成は、参謀部、政治工作部、兵站（へいたん）部、装備部のほかに「宇宙システム部（航天系統部）」と「ネットワークシステム部（網絡系統部）」がある（図表３－４参照）。

　以下、戦略支援部隊の特徴を紹介する。

　戦略支援部隊は、ふたつの同格の半独立部門つまり、宇宙戦を担当し宇宙関連部隊を指揮する「宇宙システム部」と情報戦を担当しサイバー部隊を指揮する「ネットワークシス

図表3-5　戦略支援部隊の任務別編成

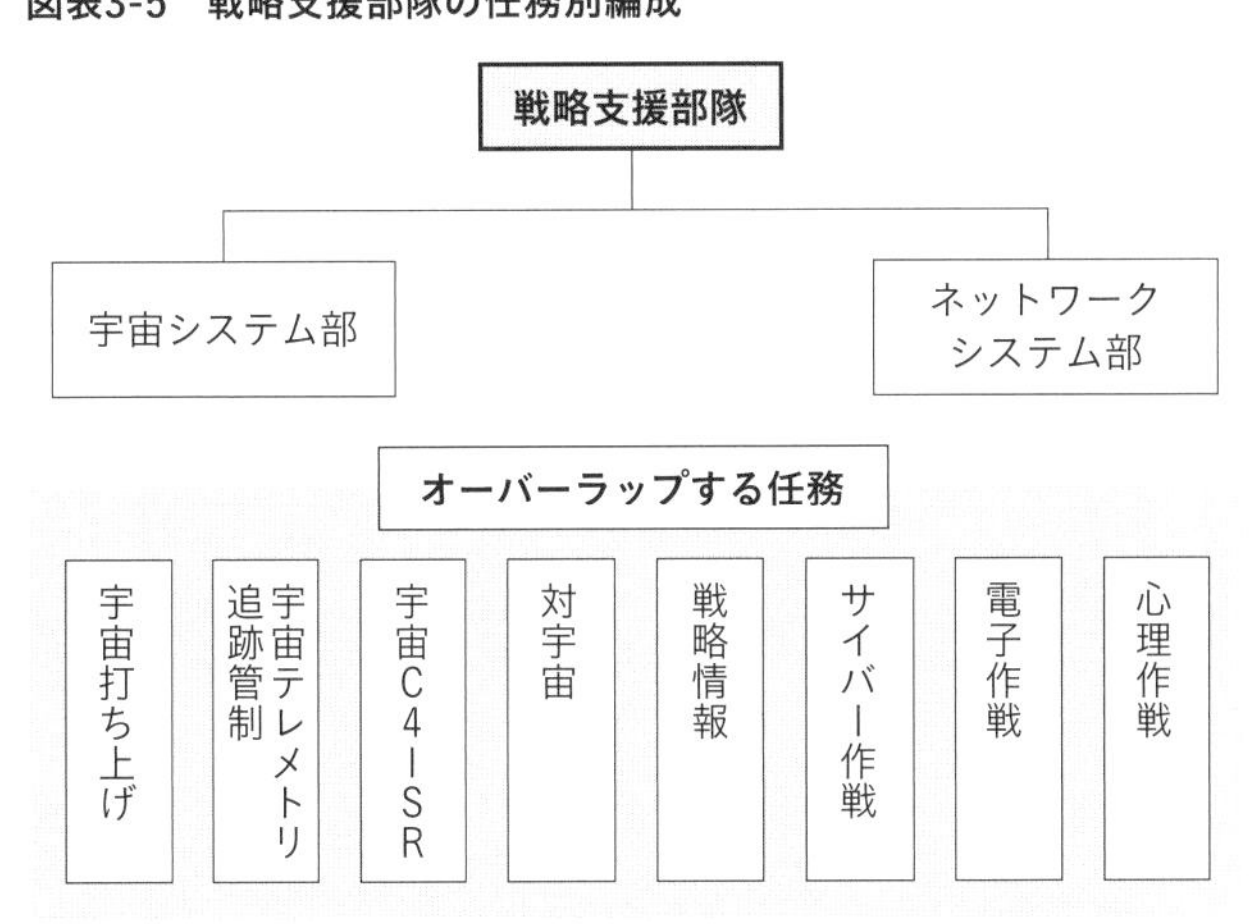

出典：China's Strategic Support Force: A Force for a New Eraを渡部翻訳

テム部」を指揮下に置く（図表3－5参照）。この「宇宙システム部」と「ネットワークシステム部」が戦略支援部隊の主役だ。

解放軍の再編成の結果、戦略支援部隊の「宇宙システム部」は宇宙での攻撃と防衛を含む解放軍の宇宙戦を担当するようになった。この戦略支援部隊を代表する組織は、宇宙で競争する中国の能力の中核になっている。

「宇宙システム部」は、衛星打上げ（作戦上即応性の高い移動式の発射装置の打上げを含む）、宇宙遠隔計測（テレメトリ）・追

69　China's Strategic Support Force：A Force for a New Era

跡・制御、戦略情報支援、対宇宙（＝カウンター・スペース）など、解放軍の宇宙作戦のほぼすべての機能を統制している。宇宙システム部が中国宇宙開発の現場における主役だ。戦略支援部隊の設立自体が、宇宙戦の新しい任務要件に適合するための将来のドクトリン、訓練、能力を開発する中国の能力を示している。そして、米国が宇宙を利用するのを拒否する一方で、月面宇宙における中国の存在感を確立する役割を果たしている。

宇宙システムを補完する役割において戦略支援部隊の「ネットワークシステム部（網絡系統部）」は、コンピュータネットワークの開発、サイバー監視、コンピュータネットワーク攻撃、およびコンピュータネットワーク防衛任務の遂行について、中国のサイバー部隊を監督する。ネットワークシステム部は、対宇宙ミッションの中心でもあり、サイバー戦や電子戦対策、宇宙監視、技術偵察を含む解放軍のノンキネティックな（物理的破壊を伴わない）対宇宙ミッションを担当している。

●衛星発射センター

図表3－6（166頁）は中国の四つの衛星発射センター（「酒泉」「太原（たいげん）」「西昌（せいしょう）」「文昌（ぶんしょう）」）を示しているが、これらは「宇宙システム部」の統制下にある。

海南島にある文昌発射センターは、最新の発射センターで、内陸部にあるほかの3ヶ所の発射センターが持つふたつの欠点を克服している。ふたつの欠点とは、発射後に分離したロケットは地上に落ちるという安全上の問題と、内陸部では大型のロケットを陸上輸送するのが難しいということだ。

また、文昌発射センターの最大の利点は、赤道近くにあり、衛星を静止軌道に打ち上げるのに最も適している点だ。同じ能力のロケットであれば、10~15パーセント重い積載物を打ち上げられる。ここからは「長征5号」や「長征7号」が打ち上げられている。[70]

酒泉衛星発射センターは、1958年以来の歴史を持つ中国最古の発射センターで、最初は地対空ミサイルの実験が行われていたが、その後、東風ミサイルや長征ロケットの発射基地となった。現在は、中央軍事委員会直属の解放軍装備発展部の第二〇試験訓練基地であり、有人宇宙船「神舟」の打上げ基地となっている。

西昌衛星発射センターは山間の渓谷にあり、主として静止軌道への衛星打上げに使われている。このセンターからは、「長征2号」や「長征3号」、月探査機「嫦娥」が打ち上げ

70 寺門和夫『中国、「宇宙強国」への野望』(ウェッジ)

図表3-6　中国の衛星発射センターとデータ取得センター

出典：“Challenges to Security in Space”, Defense Intelligence Agencyを渡部翻訳

られている。

太原衛星発射センターは解放軍の第二五試験訓練基地で、1960年代後半にICBMやSLBMの実験場として設置された。このセンターはおもに地球を南北に回る極軌道衛星（偵察衛星や地球観測衛星）の打上げに使われている。ここからは「長征4号」や「長征6号」が打ち上げられている。また、太原衛星発射センターは、山東省海陽市付近の海域からも衛星を発射している。

戦略支援部隊と宇宙戦

中国では、解放軍が無人宇宙任務と有人宇宙任務の両方を担当している。既述のように、戦略支援部隊の「宇宙システム部」が無人宇宙任務の全般統制を担当している。一方、有人宇宙ミッションを統括するのは戦略支援部隊ではなく、中央軍事委員会（習近平が委員長で解放軍を統括する最高組織）の直轄参謀組織である「装備発展部」だ。

装備発展部には、載人航天弁公室（921 Officeとも呼ばれる）、中国航天員大学、中国航天員科研訓練センター（507 Instituteとも呼ばれる）、北京航天飛行制御センターが所属している。

一方、戦略支援部隊の宇宙任務を実行する実働部隊は、「軍事宇宙部隊（军事航天部队）」（非公式には「宇宙軍（天军）」）である。

戦略支援部隊を説明するために、２０１５年末から始まった解放軍の大改革前の参謀組織について説明する。大改革前の参謀組織には総参謀部（作戦、訓練、動員、情報を担当）、総政治部（政治思想教育、人事を担当）、総後勤部（補給、輸送、衛星、財務、不動産を担当）、総装備部（装備品の開発・調達、宇宙開発を担当）の4総部があった。

戦略支援部隊の作戦部隊と管理機能の大部分は、旧「総装備部」の宇宙基地から引き継いでいるが、一部の作戦部隊と任務は旧「総参謀部」から引き継いでいる。

旧「総参謀部」から引き継いだ任務は、おもに宇宙に基地を置くＣ４ＩＳＲシステムに関連したもので、解放軍では「宇宙基地情報支援（天基信息支援）」になる。

一方、軍事情報に重点を置いていた旧「総参謀部第二部」は、中央軍事委員会隷下の「連合参謀部情報局（联参情报局）」に編成替えになり、宇宙遠隔計測（リモートセンシング）および光学・電子情報衛星「遥感（ヤオガン）」シリーズを担当している。なお、「遥感」は、中国語で「リモートセンシング」という意味で、解放軍の宇宙ベースの偵察の中核衛星だ。

また、宇宙通信衛星の管理などを担っていた旧「総参謀部」の「衛星メインステーション」は、戦略支援部隊の指揮下に入った。最終的には、北斗衛星測位システムを担当する「衛星測位基地（卫星定位总站）」も戦略支援部隊の指揮下に入った。

宇宙発射（ロケット打上げ）能力

中国は、宇宙へのアクセスと国際ロケット打上げ市場での競争を勝ち抜くために、ロケット打上げ能力を向上させている。とくに新しいモジュール方式の宇宙への打上げロケット（ＳＬＶ：Satellite Launch Vehicle）の登場により、顧客のニーズに合わせてＳＬＶを設定できるようになった。モジュール方式のＳＬＶを使用すると、製造効率の向上、打上げロケットの信頼性の向上、打上げ実施などの全体的なコスト削減に繋がる。

中国は、将来の月と火星の有人探査を支援するために、米国のサターンV[71]や新しい宇宙発射システムに似た超大型打上げ能力SLVを開発している。

中国はまた、商業用小型衛星打上げプロバイダーとしての魅力を高め、低軌道の宇宙能力を迅速に再構築するための即応SLVを開発している。この即応SLVは、紛争時の軍事作戦を支援したり、災害に迅速に対応するために使用される。中・大型SLVと比較して、即応SLVは道路や鉄道で輸送でき、迅速な打上げが可能だ。加えて、長い間、打上げ可能な状態を保つことができる柔軟性も具備する。

中国は、宇宙とサイバー空間を「支配するドメイン（領域）。敵を拒否するドメイン」と見なしており、商業的な民間の資産を含む宇宙ベースの資産に対するサイバー攻撃や電磁波攻撃を平素から行い、とくにそれを紛争初期に行う可能性が高い。

71　米国の月飛行用ロケットで、1967年～1973年のアポロ計画やスカイラブ計画で使用された液体燃料多段式ロケット。

図表3-7　宇宙における脅威

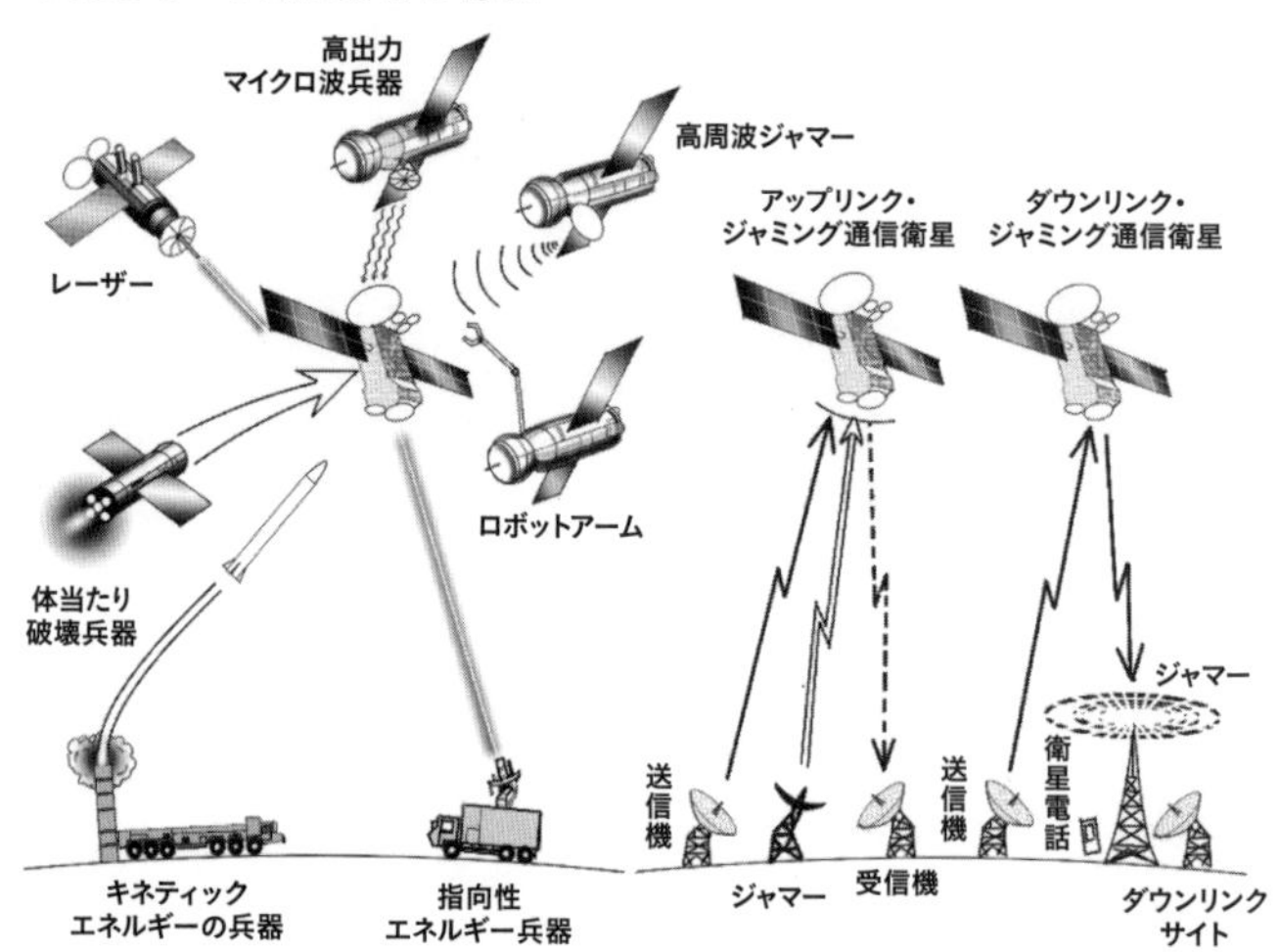

出典：各種資料から渡部作成

主要な宇宙における攻撃能力

中国は10年以上にわたって、対衛星（ASAT）ミサイル、サイバー攻撃、電磁波攻撃、および同一軌道宇宙攻撃兵器の開発に多額の投資を行い、これらのシステムの信頼性を向上してきた。中国に限らず、宇宙先進諸国の宇宙における攻撃能力（対宇宙能力）は図表3－7の通りだ。

●指向性エネルギー兵器

指向性エネルギー兵器（DEW）は、敵の衛星とそのセンサーを破壊、劣化、損傷するために指向性エネルギーを使用する。これらの兵器には、レーザー兵器、高出力マイクロ波兵器（電子レンジと同じ原理を使う。高出力マイクロ波を照射し、目標のアンテナなどから侵入、電子機器を焼いて故障させ、破壊する兵器）および高周波ジャマー兵器（1〜300MHzの高周波を使った電波妨害装置）などがある。

DEWによる攻撃は、電磁波を使う攻撃であり、デブリを発生しにくいので、攻撃を探知することが難しい特色がある。

中国は、衛星とそのセンサーを破壊、劣化、または損傷させるためにレーザー兵器を開発している可能性が高く、衛星センサーに対してレーザーシステムを使用する限定的な能力を保有していると考えられる。さらに、2020年までに低軌道に存在するセンサーに対抗できる地上配備のレーザー兵器を配備した可能性が高い。2020年半ばから後半にかけては、非光学衛星の構造に対して大きな脅威となる、より高出力なシステムを配備する可能性がある。

●キネティックエネルギー兵器（直接上昇対衛星ミサイルなど）

ASATミサイルは、固定式または移動式の発射システムとミサイルから構成され、標的である衛星を破壊するように設計されている。これらの兵器は航空機から発射すること

写真3-2　DN-3対衛星ミサイルの原型である対艦弾道ミサイルDF-21D

出典：AFP＝時事

もできる。「体当たり破壊兵器」は、搭載されたシーカー（目標捜索装置）を使用して標的衛星を捕捉し、体当たり攻撃を実施する。

中国は2007年における衛星撃墜（ASATミサイルを使い、機能不全の気象衛星を破壊し、それが大量の危険なデブリを生み出した）以来、衛星を撃墜していない。

しかし、ほぼ毎年、キネティックな宇宙攻撃システムのテストを続けている。そのテストはときに宇宙を通過するミッドコース（中間軌道）における弾道ミサイルの迎撃テストの形をとっている。

米空軍宇宙コマンド司令官（当時）のジョン・レイモンド大将は2015年、「中国のASAT研究への投資は、すべての軌道のすべての衛星に脅威を与える可能性がある」と述べている。さらに米国の国立航空宇宙情報センターは、「中国の戦略支援部隊は、低軌道目標を打撃することができるＡＳＡＴ兵器で訓練を実施した」と証言している。

ＤＮ－３対衛星ミサイルは２０１７年８月、戦略支援部隊の酒泉衛星打上げセンターから打ち上げられており、戦略支援部隊がこれらのシステムの試験や実用化に責任を有していることは明らかだ。

●サイバー攻撃

中国は、サイバー攻撃能力を統合作戦における肝要な資産としており、サイバー戦能力を利用して、宇宙ベースの施設や装備品に対する軍事作戦を支援する可能性がある。「ソフト」なサイバー攻撃は、キネティックな打撃よりもエスカレートする可能性が少ないため、とくに攻撃された側には何が起こったのかすぐに判断できないか、報復する意思を持たせないため、ソフトなサイバー攻撃がより魅力的になる。

多くの地上での作戦や宇宙空間での活動はサイバー空間に依存している。解放軍は、Ｃ４ＩＳＲネットワークをサイバー攻撃することにより、紛争の初期段階で情報支配を確立し、敵の行動を制約したり、動員を遅らせたりすることができる。

中国は、2007年以来少なくとも4回、米国の宇宙システムに対するサイバー攻撃を実施したか、その関与が疑われている。

また、解放軍は、軍事研究に利用可能な技術や専門知識を窃取するために、外国の宇宙機関をサイバー攻撃の対象とする役割も担っている。解放軍は、少なくとも2007年以降、欧米の衛星・航空宇宙産業に対するサイバー攻撃を行ってきた。

●電子戦兵器

電子戦（EW）は、妨害およびスプーフィング（誤った情報を含む、偽の信号を受信者に送信すること）技術を使用して、電磁波領域を制御することだ。

解放軍はEW能力を現代戦の重要な武器と考えており、そのドクトリンでは、EW兵器を使用して敵の装備を制圧または欺くことを重視している。解放軍は、演習において、複数の通信、レーダーシステム、GPS衛星システムに対する妨害および妨害防止技術を日常的に取り入れている。中国は、低軌道衛星を含む軍事偵察プラットフォームに搭載されているSAR（合成開口レーダー）を標的にする妨害装置を開発している。さらに中国は、解放軍が保護する超高周波通信を含むさまざまな周波数帯域で通信衛星を標的とする妨害装置を開発している。

●同一軌道上での攻撃兵器

同一軌道にある衛星などは、相手の宇宙船を故障させるか破壊することができる兵器となる。これらの衛星は、高出力マイクロ波兵器、高周波ジャマー、レーザー、相手の衛星に衝突し破壊する「体当たり破壊兵器」、相手の衛星を破壊するロボットアームなどを搭載している（図表3－7〔170頁〕参照）。これらのシステムのなかには、衛星の整備や修理、デブリ除去のためのロボット技術のように、平和利用できるものもあるが、軍事目的にも利用できる。

中国は、同一軌道上で相手の衛星に接近して対衛星機能を実証するランデブー接近運用（RPO）などの活動に従事している。中国の同一軌道攻撃兵器としては、ロボットアームを装備した「実験－7」衛星があるが、加えて宇宙デブリ除去実験衛星と呼ばれている「遊龍1（Aolong1）」にもロボットアームが設置されており、注目される。また、一部のアナリストは、中国の衛星「実験－17」（新しい推進技術、監視技術、太陽パネル技術の試験衛星）の静止軌道におけるＲＰＯにとくに懸念を抱いている。「実験－17」の動きは、軌道を変更する能力を含む、かなりの機動性があることを示唆している。

しかし、中国が破壊的な目的で同一軌道対衛星機能を使用した証拠はない。中国のＲＰＯのテストは過去の米国が実施したテストと同様であり、中国が実施したＲＰＯを「違法または規範に違反している」と批判した国はない。つまり、米国が２００５年と２００６年に行った低軌道の衛星に対する検査と２０１６年以降に静止軌道の衛星に対して行った検査で状況認識のために活用した技術と中国のＰＲＯとは同じものなのだ。

しかし、解放軍が中国の宇宙計画に関与していることを考えると、軍民両用の機能を備えたプラットフォームが必要に応じて攻撃目的に使用される可能性があることは明らかだ。

●宇宙状況把握

宇宙状況把握（ＳＳＡ）について、中国には、すべての地球軌道上の衛星を探索、追跡、判別できる宇宙監視センサーの強固なネットワークがある。このネットワークには、さまざまな望遠鏡、レーダー、その他のセンサーが含まれており、中国は情報収集、対宇宙標的、弾道ミサイル早期警戒、宇宙飛行の安全、衛星異常の解決、デブリの監視の任務を支援することができる。

中国が監視重視対象とする代表的な低軌道衛星は、イーロン・マスクが設立したスペースX社のスターリンク（Starlink）コンステレーションであろう。

中国の宇宙抑止の考え方

中国の半公式軍事文書は宇宙抑止だけでなく、広い意味での抑止に関する貴重な視点を提供している。中国の抑止力の定義は、西洋の定義と完全には一致していない。一般に西側諸国は、抑止には、拒否的抑止と懲罰的抑止があり、その両方によって、特定の行動のリスクやコストが高すぎて実行できないことを敵に納得させるという考えである。

しかしながら、中国版の抑止力の定義は西側の定義よりもさらに進んでいる。中国語の「威慑（抑止力）」は、敵対者の意思決定に「抑止者の意志に従うように」心理的圧力を加えることだ。

これは本質的に、中国政府が敵対者の単一の行動を阻止するだけでなく、中国に対して紛争を遂行する敵対者の計画全体を阻止することを意味する。したがって、「威慑」は戦闘領域全体に大きな影響を与えることを目的としている。宇宙での解放軍の行動は、米軍に宇宙だけでなく他の領域でも撤退するよう説得することになる。この抑止力のより広範な見方は、中国の宇宙領域からの戦力投射がより重要視されていることも示している。

中国政府において宇宙抑止とは、「強力な宇宙軍の支援を受けて、敵対者の軍事行動に衝撃を与え、畏怖を与え、あるいは抑制するために、宇宙軍を脅迫的に、または実際に限定的に使用することを指す」と主張されている。[72]

この宇宙抑止の目的は、威嚇と戦闘を組み合わせて体裁を整え、敵に不安や恐怖、動揺を与える力の誇示を行うことで、自らの宇宙作戦の強さと決意を示すことである。そして、敵に作戦意図を放棄させるか、その作戦規模、強度、および作戦手段を制御することを強制し、それによって、戦わずに、または小規模な戦闘のみを行うだけで敵を制圧するという目的を達成する。

中国の軍事専門家の研究は、宇宙抑止を、「宇宙を利用して敵を抑止すること」と「敵による自軍の宇宙拠点資産への干渉を抑止すること」と概念化している。これらの手段の詳細は以下の通りである。

①宇宙軍と兵器の展示：平時、解放軍は国営メディアを通じて特定の宇宙能力の有効性を

紹介する。展示には、宇宙実験やデモンストレーションを視察するために駐在武官などの外国政府代表を招待することも含まれる。

②宇宙軍事演習：危機が拡大するなか、中国政府は、敵が撤退する準備ができていない場合には解放軍が宇宙能力を使用する準備ができていることを示す。

③宇宙軍の配備：危機が拡大しつづけるにつれて、解放軍は敵対勢力に対抗するのに有利な場所に軍隊を配置する。

④宇宙の衝撃と畏怖の攻撃：これまでのすべての非暴力行動が望ましい最終状態を達成できなかった場合、解放軍は、中国が宇宙で断固として自国を守り、宇宙を地上において活用するというメッセージを送るために懲罰的攻撃を開始する。

懲罰的攻撃には「ソフト」と「ハード」のふたつの形態がある。ソフトストライクは本質的に可逆的（修復が可能）であり、例えば「破壊する」というよりも「眩惑する」ものであり、サイバーハッキング、ジャミング、なりすましが含まれる。対照的に、ハードストライクは本質的に不可逆的（修復不可能）な破壊であるように設計されており、

72 Jiang Lianju and Wang Liwen, "Course of Study of Space Operations", 軍事科学アカデミー

米国の衛星またはその他の宇宙資産に対するASATまたは指向性エネルギー兵器の使用が含まれる。

宇宙抑止に対する中国の考え方の根底にあるのは、宇宙での抑止は敵の能力に横断的な影響を与え、陸、海、空、サイバー空間など他の領域で戦闘を継続する決意をするべきだという考えである。

実際、中国政府は米国政府と同様、宇宙における抑止力が敵対者に宇宙領域のみに影響を与えるものとは考えていない。むしろ、宇宙抑止は、宇宙だけでなく他の領域でも、敵の計画と能力のあらゆる側面に影響を与えるべきだと考えている。つまり、中国の抑止力へのアプローチは、宇宙での限定的な武力行使を他のドメインでの敵の軍事行動に対する効果的な抑止力と見なしている可能性を示唆している。

さらに、宇宙ベースの能力に米国が依存していることには脆弱性という側面もあり、そこを中国に付け込まれている。中国は、宇宙への各国の非対称的な依存に注目し、宇宙ベースの能力のあらゆる脆弱性を標的にすることで大きな利益が得られると認識している。

宇宙における優位性を獲得することは中国にとって明確な目標であり、宇宙から力を投射する米国の能力を低下させることがその目標を達成するための第一歩であると中国は認識しているのかもしれない。

5 衛星コンステレーション問題

2022年2月24日に勃発したロシア・ウクライナ戦争において、ウクライナ軍は善戦している。その善戦は、スターリンクが提供するインターネット・サービスと米国の軍事衛星が提供する情報（ロシア軍の配置等）を抜きにして語ることはできない。

とくにスターリンクは、ロシア・ウクライナ戦争においてウクライナを支えるインターネット・インフラとなっている。ロシア軍は戦争開始直前と直後に、サイバー攻撃や火力による破壊によりウクライナのインターネット・インフラ（例えば、ウクライナ軍が利用していたヴァイアサット社の人工衛星KA‐SAT）に大打撃を与えた。そのためにウクライナ軍の作戦は一時中断を余儀なくされたが、その窮地を救ったのは、スターリンクが提供する衛星インターネット網である。これによりウクライナ軍の作戦が可能となった。

近年、衛星通信技術の発展とインターネット利用環境の変化にともない、光ファイバーや携帯電話の基地局ではカバーしにくい地域にもインターネットを提供できる、衛星インターネット開発の波が世界中に広がっている。スターリンクは、計画規模が最も大きく、打上げ衛星数も最も多い、低軌道インターネットを代表するコンステレーションであり、米軍との密接な協力関係を有している。

中国は、ロシア・ウクライナ戦争を熱心に研究し、そこから多くの教訓を得ているが、とくにウクライナ軍のスターリンクの活用は解放軍に大きな影響を与えている。

中国側のスターリンクに対する懸念

スターリンクに関連して、「スペースX社は民間企業でありながら、業界のサプライチェーン全体をコントロールしている。それは中国に潜在的な脅威をもたらす。国家安全保障上の利益を守り、宇宙資産を保護するために対策を講じなければいけない」という趣旨の論文[73]が、北京郵電大学の研究者から発表され、大きな反響を呼んだ。

低軌道を飛ぶ衛星コンステレーションが国家の安全に及ぼす〈目に見えないリスクと課題〉をつまびらかにし、〈衛星コンステレーションの一部を無効化し、コンステレーション運用システムを破壊するために、一部の衛星に対してソフトとハードを組み合わせた破壊手段を採用することが必要である〉と主張している。

当該論文の結論は〈スターリンクは、商業的なサービスを提供する一方で、軍事的な応用の可能性も秘めている。既存の状況認識や従来の防衛能力に対して大きな挑戦となっている。したがって、熾烈な宇宙をめぐる競争において優位性を維持・獲得するために、さまざまな面で積極的に対応する必要がある。とくに状況認識機器やシステムに的を絞って、さまざまな新しい処理手段を精力的に開発する必要がある〉というものだ。

以下、論文の主要点を紹介する。

スターリンクの総合的な応用能力

衛星容量とコンステレーション建設コストに制約されるスターリンクは、地上通信網を置き換えるものではないが、地上基地局を補完してユーザーにインターネットを提供する。おもに、光ファイバーや携帯電話の基地局でカバーすることが困難な地域にインターネッ

73　REN Yuan-zhen, JIN Sheng, LU Yao-bing, GAO Hong-wei, SUN Shu-yan, "The Development Status of Starlink and Its Countermeasures（星链计划发展现状与对抗思考）"

トを提供するために配置されている。

スターリンクに代表される衛星インターネット・コンステレーションは、ブロードバンド・インターネットの急速な発展をさらに促進し、商業サービスの幅と深さを拡大することになる。

スターリンクは、既存の地上波ネットワークを補完し、地球空間に三次元のインターネット接続ネットワークを形成する。これによりネットワークの物理的空間を大幅に拡大・改善し、あらゆるものを相互接続する情報システム構築のための強固な基礎を築く。

そして、モバイル測位端末により正確で信頼性の高い位置情報サービスを提供し、スマート端末の強化のための通信支援機能を高め、航空・海上監視のための完全追跡サービスを提供して輸送の安全性と信頼性を向上させるなど、広帯域インターネットの応用範囲とシナリオをさらに拡大する。

●スターリンク計画は米軍がスポンサーになっている

スターリンクは、各国の規制を容易に突破し、データの流れを実現できるため、データや情報の規制という難題も浮上している。

スターリンクの適用範囲は、衛星通信・送信、衛星画像、リモートセンシングなどのサービスにも広がり、戦闘情報支援サービスでの可能性を示唆している。さらに、米軍はスターリンクの開発において触媒的な役割を果たしている。即ち、打上げの初期段階でスペースX社のスポンサーとなり、スターリンクの応用シナリオを軍に拡大しているのだ。

●ブロードバンド通信機能

スターリンクは、低コスト、低遅延、高処理能力、世界中をカバーする高速インターネット・サービスを提供し、米軍の作戦通信能力を大幅に強化することができる。

つまり、世界中に展開する米軍の戦闘部隊により安定した信頼性の高い通信機能を提供することができる。また、高精細な画像やライブ映像まで提供できる可能性もある。

近い将来、米国はスターリンクを利用して、F-35戦闘機の情報取得能力と速度をさらに向上させるとともに、他の指揮統制ノードに情報をより迅速に伝達し、局地戦場のC4ISR能力を強化できるだろう。

●シームレスな全天候型監視・偵察能力

スターリンクの衛星に可視、赤外線、レーダーなどの機器を搭載することで、24時間連続監視・偵察が可能となり、移動するターゲットに対する監視能力も向上する。

●宇宙を利用した目標探知・制圧能力

衛星は、各種センサーを搭載することで、人工衛星、ロケット、デブリ、ミサイルなどの目標を探知・追跡し、目標の測位、軌道決定、軌道予測などを支援できる。

現在、米国は宇宙支配を強固にするため、7層の次世代防衛宇宙アーキテクチャを提案している。これは拡散する低軌道宇宙アーキテクチャを構築し、米国防省の次世代宇宙能力を統合することを目的としている。具体的には米国防省宇宙開発局は、ミサイル防衛と極超音速機の探知・追跡・指示能力をさらに強化するため、次世代防衛宇宙アーキテクチャとして、スターリンク衛星プラットフォームをベースにした4機の対ミサイル追跡衛星の構築をスペースX社に委託している。また、衛星コンステレーションは衛星軌道を変更する強力な機動力を持ち、ロボットアームなどの軌道上操作装置を搭載することで、宇宙空間の目標への接近・廃棄を実現することが可能だ。

●将来戦闘構想のプラットフォーム

米国は、次世代の軍事衛星システムにおいて、衛星コンステレーションを計画している。衛星コンステレーションは、センサーや通信機器などの情報支援ペイロードを搭載するプラットフォームとして使用でき、柔軟性と破壊防止能力を大幅に向上させる。

また、スターリンクは、米国の新たな戦争コンセプトのためのプラットフォームとなる能力も持っている。

中国の衛星コンステレーション計画

米中の対立が高まるなか、中国はスターリンクの能力を分析し、同様のコンステレーションを独自に開発しようとしている。中国は、衛星インターネットを国の重要なインフラと位置づけ、5G、AIなどのコア技術で構成される「新インフラ」と呼ばれるリストに追加した。

中国は2021年4月、「中国衛星網絡集団（CSNG：China Satellite Network Group）」という新会社を設立した。この会社を主体として1万3000基の衛星からなるメガコンステレーション「国王」の打上げを計画している。「国王」の衛星製造を請け負うのは、

「中国宇宙技術研究院（ＣＡＳＴ）」と「微小衛星技術革新研究院（ＩＡＭＣＡＳ）」のふたつの事業体である。「長征５号Ｂ」ロケットが地球低軌道衛星ネットワーク用の衛星を打ち上げることになる。

別の衛星コンステレーションを計画しているのは、中国の宇宙開発を担う国有企業「中国航天科工集団公司」だ。２０３０年までに高度３００キロメートル以下の「低空軌道」に衛星３００基を打ち上げる予定だ。

そのほかにも吉林省の「長光衛星技術」が将来的に３００基の衛星網を目標に、すでに１００基以上の観測衛星を打ち上げている。

本章のまとめ

以上記述してきたように、習近平主席は、「中華民族の偉大なる復興」をスローガンに２０４９年に世界一の覇権国実現を目指している。それを実現するための最も重要な組織は解放軍である。解放軍は、将来の米国との戦いにおける切り札として「制宙権」の確保を目指し、宇宙開発の分野においてめざましい発展を遂げている。

中国はすでに世界の宇宙大国である。中国の宇宙システムへの大規模な投資は、中国が宇宙の領域において、米国とその同盟国にとってますます大きな脅威となることを予感させる。

中国の宇宙開発は、中国共産党の権力独占を維持することが最優先の目標である。宇宙でのプレゼンスの拡大は、党の国内的・国際的な正統性を強固なものにする狙いがある。民生と軍事の資源と管理を融合させることで、中国の宇宙技術への投資は経済発展を支え、国防の現代化を進めている。

中国の宇宙における野心は、本質的に両用性がある。宇宙技術は、解放軍の宇宙空間における作戦能力を高める。宇宙空間における行動の自由は、解放軍に陸、海、空における潜在的な軍事的優位性をもたらす。

解放軍の戦略支援部隊の創設は、解放軍の宇宙戦を含む統合作戦能力の向上にとって画期的な試みであった。しかし、驚くべきことだが、戦略支援部隊の創設から8年を経過した2024年4月18日、同部隊は突然に解体されてしまった。戦略支援部隊から新たに情報支援部隊、サイバー空間部隊、軍事宇宙部隊が編制されることになった。

戦略支援部隊という世界に類を見ない壮大な試みは失敗だったのであろう。しかし、戦略支援部隊が中国の宇宙安全保障において非常に重要な歴史上の部隊であったことに変わりはない。

新たに宇宙を担当するのは軍事宇宙部隊であるが、この部隊は戦略支援部隊の宇宙システム部を母体として編成されるのであろう。宇宙システム部が所掌していた業務を軍事宇宙部隊が引き継ぐと考えるのが妥当であろう。

戦略支援部隊は解体したが、中国にとって宇宙開発が重要であることに変わりはない。国際的な顧客に低コストの商業打上げサービスを提供することに加え、中国の宇宙プログラムは、中国のハイテク産業の現代化に補助金を出すことで経済発展を支えている。さらに国際協力は、中国に宇宙技術を加速させる機会を提供している。

中国の宇宙計画は急速に成熟してきた。２０３０年に向けて、解放軍と国防産業は宇宙輸送能力と宇宙におけるプレゼンスを拡大することを期待している。運用可能な対宇宙能力は、米国の宇宙資産や米国の同盟国やパートナーの宇宙資産を標的にするため、大きな脅威になっている。

中国の宇宙資産は、インド太平洋地域の紛争地域への米国のアクセスや活動能力を拒否することを意図した、長距離精密打撃作戦を可能にしている。

中国は香港籍の企業を使って米国の輸出規制を回避することを日常的に行っており、これへの対策が必要である。

中国共産党は、米国の技術、人材、資本を利用し、軍事宇宙と対宇宙能力を構築し、自国の戦略的利益を促進する長期戦略を推進している。

中国による宇宙空間の優位性の追求は、米国の経済競争力を低下させ、米国の軍事的優位性を弱め、戦略的安定性を損なう。つまり、米国の国家安全保障に対する脅威なのである。

第四章

ロシアの宇宙安全保障

「ロシアは21世紀において、核と宇宙をリードする大国としての地位を維持しなければならない。本日は、宇宙探査の長期的な優先事項について議論し、宇宙という戦略的分野における我々の地位を強化するために何をしなければならないかを分析する」（ロシアのプーチン大統領、2021年4月12日）

「私たちはゆっくりと、確実に『宇宙の軍事化』に向かっている。ロスコスモス[74]はこのことに幻想を抱いていない。誰もがそれに取り組んでいる」（ディムトリー・ロゴージン、ロシア国営企業ロスコスモス社CEO）

ロシアは三大宇宙大国の1国として、ソビエト連邦時代から続く充実した宇宙機能と戦力を保持している。

ロシアは、自国の宇宙開発を国際舞台においてリーダーシップを発揮する貴重な手段であると考えている。ロシアは宇宙のパイオニアであり、旧ソ連時代の1957年に最初の人工衛星スプートニク1号を打ち上げ、1961年には人類史上初めてユーリ・ガガーリンを地球周回軌道に送り込むことに成功した。

国際宇宙ステーション（ＩＳＳ）は、２０１１年から２０２０年まで宇宙飛行士の往復をロシアのロケットに依存していた。これにより、ロシアは宇宙に関する世界的リーダーであるという評価を確立した。同時にＩＳＳのロシア製ロケットへの依存は、同国の宇宙開発に経済的利益をもたらした。しかし、このロシアのロケットに代わってスペースＸの宇宙船「クルードラゴン」が使用されるようになり、ロシアの存在感は低下した。

モスクワは転換点にある。ロシアの宇宙開発予算は、広範な軍事近代化努力のなかで競合する優先事項があるため、中国の予算よりも小規模である。また、冷戦終結後の数年間、経済的な制約と技術的な後退が相まって、宇宙ベースのリモートセンシングや衛星航法を含むロシアの宇宙能力は進化していない。ロシアの宇宙産業基盤は、制裁、高齢化、腐敗、肥大化に悩まされている。

74 ロシアにおける宇宙開発全般を担当する国営企業。

1　ロシアの宇宙安全保障の基本的事項

ロシアの対宇宙能力

ロシアは、衛星や有人宇宙船を破壊できる地上発射の対衛星ミサイルを開発している。ロシアの軍事ドクトリンによると、「宇宙は戦闘領域であり、宇宙における覇権を獲得することが、将来の紛争に勝利するための決定的な要因になる」ということだ。

ロシアの軍事思想家は、あらゆる種類の紛争において精密誘導兵器と衛星が支援する情報ネットワークの役割が増大しているため、宇宙の重要性は拡大しつづけると考えている。同時にロシアは、米国や同盟国の資産を攻撃するための対宇宙兵器を開発している。

ロシアが軍備の近代化を進めるにつれて、宇宙サービスを軍に統合する傾向が強まるだろう。ロシアには、60年以上にわたる宇宙での経験によって培われた技術的知識と専門知識の強力な基盤がある。しかし、モスクワは宇宙への過度の依存を潜在的な脆弱性と見なし、国防の任務を遂行するために宇宙への過度の依存を避ける決意を固めている。

ロシアは、戦時環境下で拒否される可能性のある宇宙サービスを補完または代替するために、地上での冗長性、つまり複数手段の保持に留意している。ロシアは、米国のミサイル防衛システムと宇宙を利用した通常兵器による精密打撃能力との組み合わせは、戦略的安定性を損なうと考えている。

そのためロシアは、米国の軍事的優位性を相殺する手段として、軍事・商用を問わず、米国の宇宙ベースのサービスを無力化する、または拒否する対宇宙兵器を重視している。

ロシアの対宇宙ドクトリンは、地上、航空、サイバー、宇宙ベースのシステムを採用して、敵の衛星を標的にし、一時的な妨害やセンサーの目くらましから、敵の宇宙船やそれを支えるインフラの破壊まで、さまざまな攻撃を行うことを含んでいる。

紛争の抑止に失敗した場合、その対宇宙戦力が、敵対する宇宙システムを選択的に標的にすることにより、紛争のエスカレーションを制御する能力を軍事指導者に提供する。

宇宙組織

ロシアでは、軍事と民間の宇宙組織はほとんど分離しており、ロシア航空宇宙軍（ＶＫＳ）が軍事的な取り組みを、ロスコスモスが民間側の取り組みを主導している。

ロシア宇宙軍の任務は、宇宙状況把握、ミサイル警戒、宇宙発射、衛星運用、対宇宙作戦などである。ロスコスモスは、有人宇宙飛行、グロナス（ＧＬＯＮＡＳＳ）衛星航法シ

図表4-1　航空宇宙軍の編成

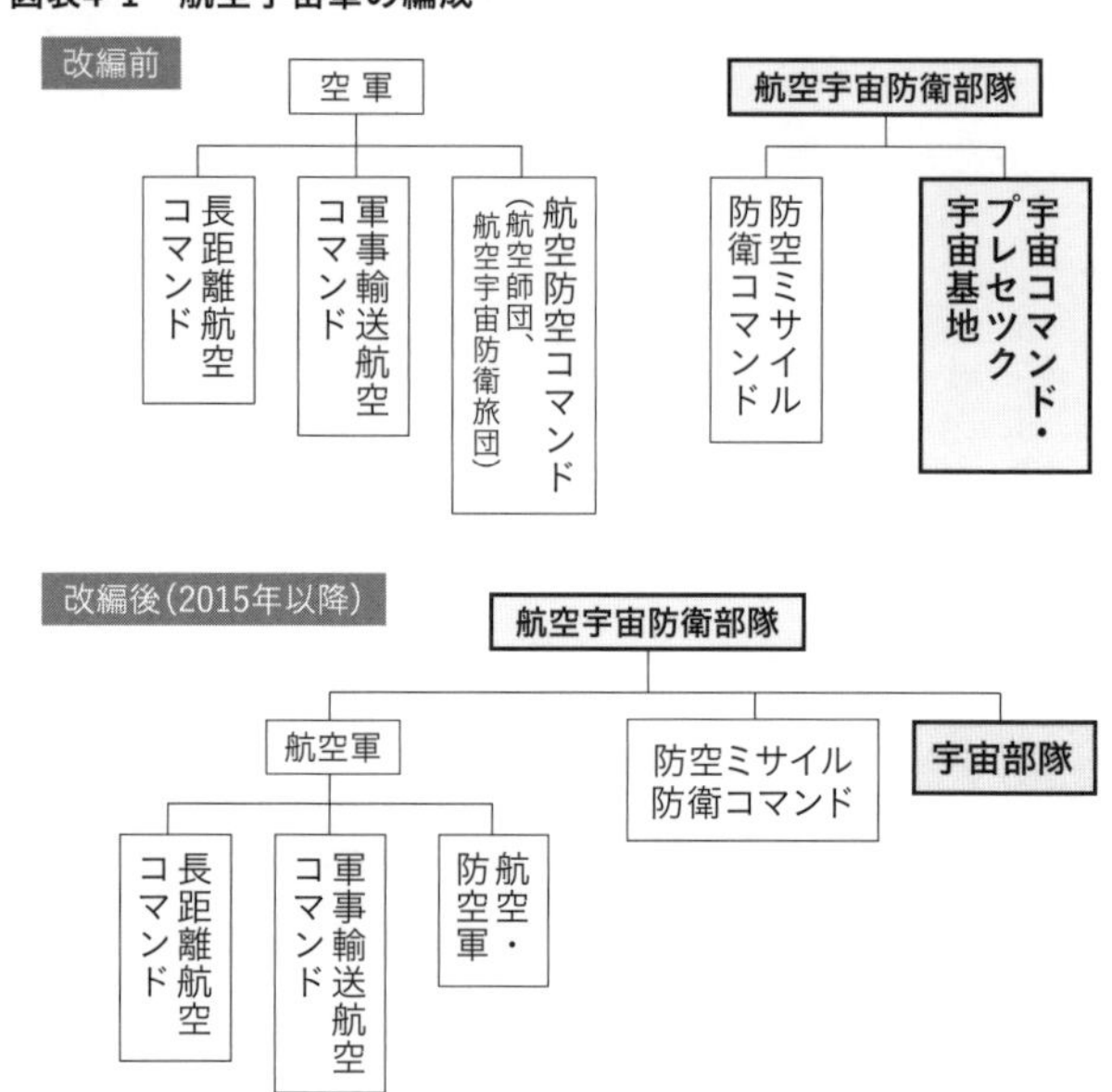

（出典：小泉悠『軍事大国ロシア』を基に佐々木孝博氏作成）

ステム、国際宇宙パートナーシップを主導する。

ロシアは2015年、旧空軍と航空宇宙防衛部隊を統合して航空宇宙軍（＝航空宇宙防衛部隊）を創設した。この新しい部隊には、衛星打上げを実施し、弾道ミサイル早期警戒システム、衛星管制ネットワーク、宇宙監視ネットワークを運用するロシアの軍事部隊である宇宙軍（＝宇宙部隊）が含まれている。[75]

ロシアの国防相は、この組織統合は「航空宇宙領域への重心移動に促されたものであり、米国の『通常兵器による迅速なグローバル打撃（Conventional Prompt Global Strike）[76]』ドクトリンに対抗するものである」と述べている。

ロシアの宇宙軍は、宇宙および対宇宙作戦任務を遂行するため、第８２０主ミサイル攻撃警報センター、第８２１主要宇宙偵察センター、および第１５３ティトフ（Titov）主試験・宇宙システム制御センターからなる第15特殊目的航空宇宙軍に編成された。

宇宙軍はまた、軍事衛星を打ち上げるプレセツク（Plesetsk）宇宙基地や、戦略的・作戦的軍事作戦理論や航空宇宙工学の専門分野で将校や下士官を訓練するモハイスキー（Mozhayskiy）軍事宇宙アカデミーも運営している。

今日、ロシアの宇宙産業はほぼ国営である。国有企業であるロスコスモスは、宇宙産業の全体的な管理とロシアの民間宇宙計画の遂行に責任を負う執行機関である。宇宙産業はおもに75の設計局、企業、会社で構成され、ロシアの宇宙技術、衛星、ＳＬＶ（小型打上げロケット）の研究、技術開発、生産を民間と軍事の両方の目的で行っている。

75 Bodner, Matthew, "Russian Military Merges Air Force and Space Command", The Moscow Times, 3 August 2015

76 世界のいかなる場所に所在する目標に対しても、命中精度の高い非核長距離誘導ミサイルによって、迅速に打撃を与えようとする構想。

過去数年間、ロシアは宇宙開発においていくつかの障害に直面してきた。汚職が蔓延し、開発を停滞させている。

加えて予算削減とウクライナ侵攻の制裁により、プロジェクトが遅延している。民間宇宙投資はごくわずかで、成長とイノベーションを妨げている。

外国の宇宙および対宇宙技術の取得

モスクワは、ロシアの経済的・軍事的目標達成をサポートするために、優れた他国の宇宙技術や対宇宙技術を選択し、取得するアプローチを採用している。２０１４年のロシアによるクリミア半島侵攻に対応した米国、西欧、豪州、および日本による制裁の発動後、モスクワは宇宙技術、情報、および専門知識へのアクセスに対する米国と欧州連合（ＥＵ）の制限を緩和するために、複数の収集経路を利用したが、制裁は依然として宇宙システムの生産に影響を及ぼしている。

国内のマイクロエレクトロニクス産業が衰退し、輸入代替プログラムの目標を実現できないため、ロシアの宇宙開発は西側のコンポーネント（部品）の獲得に依存している。資金不足と技術的な挫折によって軌道上のシステムの数が制限されているにもかかわらず、ロシアは世界で最も高性能な個々のＩＳＲ（情報、監視、偵察）衛星を設計し、採用している。そのなかには、電気光学画像、新しいレーダー観測プラットフォーム、ミサイル警報、電子・信号情報などを提供する衛星が30基以上含まれている。

これらのシステムの少なくとも半分は、ロシア国防省が所有・運用している。宇宙ベースのセンサーは、ロシアに弾道ミサイル発射の警告を与え、ロシアの対艦巡航ミサイルの照準をサポートし、シリアにおけるロシアの軍事作戦に必要な電子光学画像をサポートしている。

衛星通信

ロシアは、さまざまな軌道高度から、移動衛星と固定衛星の通信サービスを提供できる多様な商業および軍事通信衛星群を所有・運用している。他の競合国に遅れをとり、２０１４年に西側諸国が制裁を発動したにもかかわらず、ロシアは、欧州の衛星メーカーとの提携などを通じて、衛星通信能力を維持し、拡張するために、老朽化した通信衛星を最新のより高性能な衛星に換装しつづけている。世界規模の軍事および民兵組織の展開を支援するために、モスクワは自国の軍事部隊に対する指揮・統制能力を維持して国家運営をしている。

PNT能力

グロナスは、ロシアに世界規模の衛星測位サービスを提供し、経済発展と国家安全保障上の利益を支えている。1990年代後半のグロナス・コンステレーションの悪化を受け、ロシアは2000年代にグロナスの再構築と運用能力回復に努めた。完全な運用能力は2011年に回復した。

ロシアは現在、一部の衛星が動作不能になった場合でも、代替の衛星を打上げてグロナスを維持する一方、より精度の高い次世代グロナスの開発を継続している。

ロシア軍もグロナスの活用で、効果的な軍事システムの配備、部隊の移動、精密誘導弾の輸送を行っている。

有人宇宙飛行と宇宙探査への取り組み

ロシアの有人宇宙飛行計画は1950年代後半に始まり、1961年に「ボストーク1号」によるユーリ・ガガーリンの有人宇宙飛行で、最初の大きな節目を迎えた。この歴史的な打上げ以来、旧ソビエト連邦とロシアのロケットは、「サリュート宇宙ステーション」「アルマズ宇宙ステーション」「ミール宇宙ステーション」、ＩＳＳの複数の要素、およびいくつかの火星探査ミッションを打ち上げてきた。

２０２０年５月にスペースＸの「クルードラゴン」がＩＳＳに向け、有人で打ち上げられて以来、ロシアのロケットは打ち上げの受注を減らしたものの、アラブ首長国連邦など、ほかの国際パートナーに「ソユーズ」の座席を販売し、ＩＳＳへの米国の宇宙飛行士輸送の必要性を失った分の収入を補っている。

ロシアは、今後40年間の月探査と月定住に向けた野心的な計画を持っている。ロシアは、その月探査の目標を達成するために、中国、ＥＵ、米国との提携について議論している。[77]中国とロシアは２０２１年３月、国際月研究ステーション（ＩＬＲＳ：International Lunar Research Station）で協力する覚書に署名した。[78]

77 Loren Grush, "Head of Russian space program calls for more international cooperation in NASA's Moon plans"; The Verge, 12 October 2020

78 Andrew Jones, "China, Russia open moon base project to international partners, early details emerge"; Space News, ; 26 April 2021

ロシアは、ロケットの信頼性を向上させ、環境問題を緩和し、ロケットの製造効率を高め、将来の有人宇宙飛行と深宇宙探査ミッションを支援するために、宇宙打上げ能力の更新と改善を行っている。ロシアは中国とは異なり、新しい軽輸送ＳＬＶ（小型打ち上げロケット）の設計に重点を置いておらず、大型ロケットによる多段式打上げで小型衛星を打ち上げることを選択している。

ロシアはまた、計画中の有人月探査ミッションや火星探査ミッションを支援するために、米国の「サターンＶ」や、より新しい米国の宇宙輸送システムに類似した超重量輸送ＳＬＶの開発の初期段階にある。モスクワは２０１９年、「ソユーズＦＧ」というロケットを退役させたが、それ以来、同様の能力を持つより新しいＳＬＶに注力している。このＳＬＶは移動浮体式プラットフォームを特徴としているが、プロジェクト自体が財政難に悩まされており、開発は保留中である。

宇宙状況把握

第８２１主要宇宙偵察センターが管理するロシアの宇宙偵察ネットワークはさまざまな望遠鏡、レーダー、その他のセンサーで構成され、すべての地球軌道上の衛星を検索、追跡、特徴付けることができる。このネットワークにより、ロシアは宇宙飛行の安全性、衛星異常の解決、デブリの監視など、多くのミッションをサポートしている。これらのセンサーのいくつかは、主要任務として「弾道ミサイル早期警告」機能も果たしている。

電子戦能力

ロシア軍は電子戦を敵対者に対する情報優位性を獲得し維持するための不可欠なツールと見なしているため、敵対者のC４ＩＳＲ能力を妨害することで作戦上の主導権を握ることができると認識している。

ロシアは敵対者のＧＰＳ、戦術通信、衛星通信、レーダーに対抗するために、広範囲にわたる地上電子戦システムを配備しており、同システムを構成する移動式妨害装置は、レーダーと通信衛星を標的としている。並行して、西側の宇宙対応C４ＩＳＲや兵器誘導システムに対抗できる機動性、自動化、性能向上を備えた電子戦システムも開発し、配備してきた。

２０２０年２月、ロシア軍当局者は、ドローンなどのＧＰＳ対応機能を有する兵器に対抗するため、シリアで積極的に電子戦能力を活用していることを確認した。

サイバー脅威

２０１０年以来、ロシア軍は情報の優位性を確保するための総合的な概念である「情報対決」と呼ばれるサイバースペース作戦を遂行する部隊と能力の開発を優先してきた。情報の兵器化はこの戦略の重要な側面であり、平和時、危機時、戦争時、あらゆる状況で採用される。

ロシアは情報領域、とくに宇宙を利用した情報収集と情報伝達を戦略的に決定的なものであると考えており、軍の情報攻撃と情報防衛のための組織とその能力を近代化するための措置を講じている。

指向性エネルギー兵器

指向性エネルギー兵器は宇宙作戦に直接的な脅威をもたらす。例えば、ロシアは衛星センサーを盲目にすることができる地上配備型レーザーをいくつか保有している。

ロシアは２０１８年7月までに、ペレスベットレーザー兵器システム[79]を航空宇宙軍に納入しはじめた。ロシア指導部はペレスベットレーザー兵器システムには衛星攻撃兵器（A

SAT）の任務があると示唆している。

プーチン大統領は公式声明でこれを「新型の戦略兵器」と呼び、ロシア国防省は「軌道上の衛星と戦う」能力があると主張した。ロシア国防大臣セルゲイ・ショイグは2019年12月、「レーザー兵器は五つの戦略ミサイル部門に配備されている」と述べた。追加の報道によると、地上移動式ペレスベットレーザー兵器システムは、衛星を含む敵の光学追跡システムをレーザーで盲目にするように設計されている。モスクワ・インタファクスによれば、このシステムは戦略ミサイル・システムの動きを隠すことを目的としている。

ASATミサイルの脅威

ロシアはASATミサイル・システムも開発している。これらのミサイルは、低軌道（LEO）にある米国や同盟国の宇宙システムを破壊し、ISRや通信衛星を脅かすことができる。ロシアは、「ヌードル」と呼ばれる移動ミサイル防衛複合体を開発・試験中で、

79　ペレスベットとは中世の修道士であり戦士の名前。2022年5月にボリソフ副首相は「この兵器が実戦配備されている」と明らかにした。詳細は不明。

ロシアの情報筋は、弾道ミサイルと低軌道衛星を破壊できると説明している。

ユーリ・ボリソフ副首相（当時国防副大臣）は2018年、ヌードルはロシア軍にとって「対宇宙攻撃複合体」であると発言した。2021年11月、ロシアは機能停止した自国衛星に対して地上発射型ミサイルを打ち込むという、衛星破壊実験（DA-ASAT:Direct-Ascent Anti-Satellite Test）を実施した。この実験で、ロシアはLEOにある衛星を破壊するミサイルの能力を実証したが[80]、1500個以上の追跡可能なデブリと、数万個の致死的で追跡不可能なデブリを生成した。これらのデブリは、ISSや中国の天宮宇宙ステーションの宇宙飛行士やLEOにいるすべての国の宇宙船を危険にさらす。

さらにロシアは、LEOにある宇宙船をターゲットとする空中発射ASAT兵器を開発していると伝えられている。このシステムは、MiG-31戦闘機からASATミサイルを発射するために設計された「コンタクト」と呼ばれるソ連時代のシステムに基づいている。2018年9月、モスクワ近郊のジューコフスキー航空機試験場で、空中発射ASAT兵器のテストに関連する可能性がある大型ミサイルを搭載したMiG-31が飛行しているところを撮影された。ある航空宇宙軍の司令官は、「ロシアはMiG-31に搭載したASAT兵器を配備し、標的を破壊できる」と発言した。

軌道上の脅威

ロシアは２０２０年、宇宙配備型ＡＳＡＴ兵器を試験し、軍民両用に使用できる高度な軌道能力の研究開発を続けている。例えば、検査および整備を行う衛星は衛星に密接に接近して、故障の検査や修理を行うことができる。この技術は、他国の衛星に対する攻撃にも使用され、一時的または永久的な損害をもたらす可能性がある。

ロシアは２０１７年、「衛星の技術的状態を診断する検査衛星」と称する衛星を配備した。しかし、衛星の挙動には、平和目的の検査やＳＳＡ活動とは違い、軍事的な活動の可能性があった。ロシアは２０１９年11月、ふたつの衛星（「コスモス２５４２」と「コスモス２５４３」）を配備した。打上げ後、衛星のひとつが米国の国家安全保障衛星の追跡を開始したように見えた。[81]

ロシアは２０２０年７月、宇宙配備型ＡＳＡＴ兵器の試験で、別のロシアの衛星の近く

80　U.S. Space Command Public Affairs, "Russian direct-ascent anti-satellite missile test creates significant, long-lasting space debris", 15 November 2021

81　W.J. Hennigan, "Exclusive: Strange Russian Spacecraft Shadowing U.S. Spy Satellite, General Says", Time, 10 February 2020;

にある「コスモス２５４３」から軌道上に物体を放出した。さらに、「コスモス２５０４」と「コスモス２５３６」はロシアのＡＳＡＴ兵器の試作機であり、ＬＥＯの衛星を動的に破壊する可能性がある。ロシアの報道によると、ロスコスモスは静止軌道（ＧＥＯ）運用を目的とした衛星を制作中であり、軌道上で整備する機能を備えている。同報道は、すべての軌道でＡＳＡＴの能力を発揮する衛星の存在も認めている。

以上、主として米国の国防情報局（ＤＩＡ：Defense Intelligence Agenncy）などの公的組織の報告書[82]等を中心としてまとめた。

2 ケーススタディとしての「ロシアの宇宙への兵器配備問題」

米下院情報特別委員会のマイク・ターナー委員長（共和党）は２０２４年2月14日「国家安全保障上の深刻な脅威」に関する情報があると警告し、すべての議員が共有すべきであるとの声明を発表した。彼は脅威の内容は明らかにしなかったが、ＡＢＣテレビは「ロシアが核兵器を宇宙空間に持ち込み、衛星に対し使用する可能性を指摘する機密情報だ」

と報じた。また、安全保障分野で有名なデービッド・サンガーは米『ニューヨーク・タイムズ（NYT）』紙で「米国は同盟国に対して、ロシアが今年核兵器を衛星軌道に乗せる可能性を警告した」という記事を書いている。

この「ロシアの宇宙への兵器配備問題」については、多くの人たちが論じているが、米政府関係者が詳細をほとんど明らかにしていないために、不明な点が多い。「ロシアの宇宙への兵器配備問題」について、宇宙における覇権争いの観点で現時点での分析結果を紹介する。

原子力衛星は宇宙核兵器ではない

「ロシアの宇宙への兵器配備問題」を考察する際には、原子力衛星と宇宙核兵器を混同すべきではないことを理解する必要がある。つまり、「原子力を動力源とする衛星（nuclear-powered satellite）＝原子力衛星」は、「宇宙に配備された核兵器（space-based nuclear weapon）＝宇宙核兵器」ではないということだ。

82 Defense Intelligence Agency, "2022 CHALLNGES TO SECURITY IN SPACE"

まず、原子力を動力源とする原子力衛星そのものは核兵器ではない。原子力衛星は、原子力を動力源とするが、原子炉を搭載したいわゆる原子炉衛星と、放射性同位体（ＲＩ、具体的にはプルトニウムなど）を搭載したＲＩ衛星の２種類がある。ＲＩは原子炉に比べて出力は小さいが、より長寿命の運転ができる利点を持つ。

米国は、１９６０年代前半に両タイプの原子力衛星の開発を進め、原子炉衛星「ＳＮＡＰ－10Ａ」を打ち上げた。その後、宇宙における原子力衛星計画は停滞し、宇宙用長時間電力源の主役を太陽電池に譲っている。

ソビエト連邦は、原子炉衛星「コスモス９５４号」を１９７８年９月に打ち上げたが、１９７９年１月には地球に落下している。ロシアが最近、人工衛星用に１０００キロワットの原子炉の建設を検討していることは注目すべきことで、原子力衛星を開発している可能性がある。

次いで、宇宙核兵器であるが、宇宙で核兵器を爆発させて強力な電磁パルス（ＥＭＰ：electromagnetic pulse）を発生させ、衛星を破壊する兵器が考えられる。しかし、これは１９６０年代に開発されていた兵器と同じものであり、これ自体は新しい驚くべき兵器ではない。

電磁パルス攻撃

「ロシアの宇宙への兵器配備問題」を説明する際には、「電磁パルス攻撃」に触れざるを得ない。ＥＭＰとは強力なパルス状の電磁波であり、電子機器を損傷・破壊し、電子機器を使った通信・電力、衛星などを使用不能にする。

米下院情報特別委員会のターナー委員長の声明に対して、ホワイトハウスのジョン・カービー国家安全保障会議戦略広報調整官は２０２４年2月16日、「ロシアは新しい対衛星能力（anti-satellite capability）を開発中である。その能力はまだ宇宙に配備されていない。差し迫った脅威ではない。その兵器は人間を攻撃することも、地球上に物理的破壊を引き起こすこともできない」と説明した。

「新しい対衛星能力を開発中で、その兵器は人間を攻撃することも、地球上に物理的破壊を引き起こすこともできない」という部分に着目すると、この兵器はＥＭＰ兵器の確率が高い。

核兵器は、爆発時にＥＭＰを生成するガンマ線、ベータ線、アルファ線を発生する。ＥＭＰは、いわば「スーパー雷」で、広域にわたる電子機器に対して、雷よりもはるかに強力な損害を与える。しかし、ＥＭＰは爆風や高熱を発生しないので、人体や地球上の物体に物理的破壊を引き起こさない。

このＥＭＰ攻撃には核爆発による「核ＥＭＰ（ＨＥＭＰとも表現される）攻撃」と、核兵器を使わない通常兵器による「非核ＥＭＰ攻撃」がある。つまり、宇宙に展開する衛星を攻撃するためには、宇宙での核爆発によりＥＭＰを発生させる「核ＥＭＰ攻撃」か、非核兵器でＥＭＰを発生させる「非核ＥＭＰ攻撃」を使う必要がある。非核兵器としては高強度電磁界（ＨＰＥＭ）発生器があり、バッテリーの電力や化学反応、爆発などにより、高周波帯（10ｋＨｚ以上）のＥＭＰを発生する。範囲としては数十メートル〜数百メートルという近距離の電子機器の破壊や機能停止を目的とする。

「核ＥＭＰ攻撃」が可能な国は、米国、中国、ロシア、北朝鮮などで少数だ。「非核ＥＭＰ攻撃」を研究開発している国は、米国、中国、ロシア、日本など多数だ。

「ロシアの宇宙への兵器配備問題」の整理

この問題を単純に整理すると、ロシアが宇宙に兵器（核兵器と非核兵器）を配備するか、配備しないかに大別される（図表４－２参照）。

米中露などの宇宙戦の列強は、相手の衛星を攻撃する対宇宙能力を保有している。宇宙

図表4-2 「宇宙に兵器を配備するか否か」

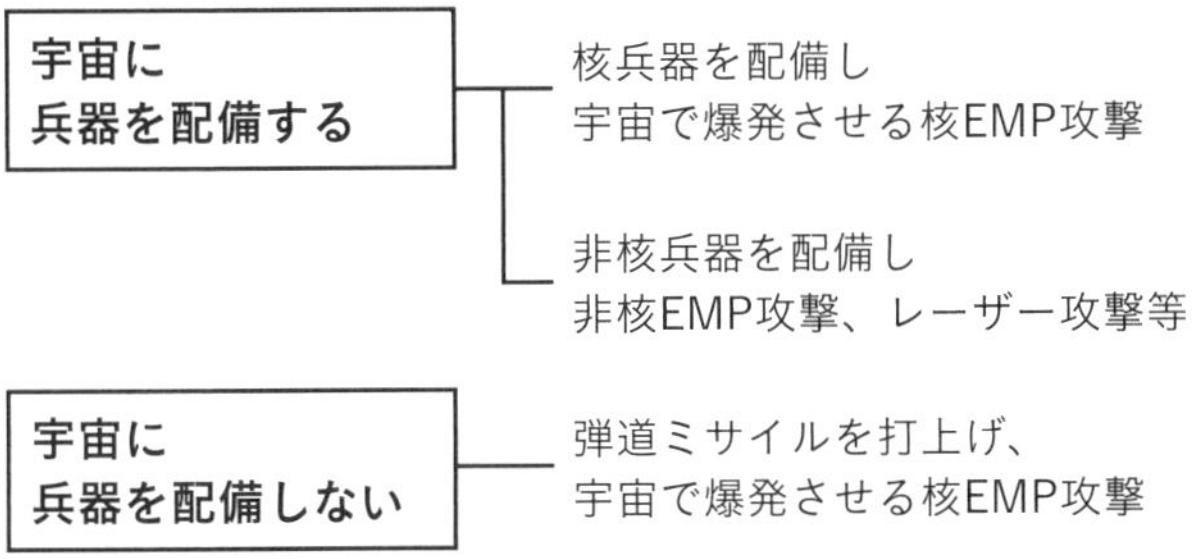

宇宙に 兵器を配備する	核兵器を配備し 宇宙で爆発させる核EMP攻撃
	非核兵器を配備し 非核EMP攻撃、レーザー攻撃等
宇宙に 兵器を配備しない	弾道ミサイルを打上げ、 宇宙で爆発させる核EMP攻撃

出典：渡部作成

に兵器を配備するのであれば、核兵器を配備し「核EMP攻撃」を行う可能性がある。また、非核兵器を配備し「非核EMP攻撃」、ジャミング（通信妨害）、レーザー攻撃、高出力マイクロ波攻撃、同一衛星軌道上でロボットアームを使い相手の衛星を攻撃する可能性もある。

宇宙に兵器を配備しないのであれば、核弾頭付きの弾道ミサイルを地上発射し宇宙空間で爆発させて核EMP攻撃を行うことになる。

カービー調整官の説明を素直に解釈すると、宇宙には核兵器を配備しないで、非核兵器による「非核EMP攻撃」を行う可能性が高いと判断できる。

彼はまた、「それが何であれ、今日でも宇宙政策の基礎となっている1967年の多国間条約である『宇宙条約』に違反する」と言っている。宇宙条約は、宇宙空間における軍事能力という点では多くを制限していないが、核兵器やその他の大量破壊兵器を軌道上に設置することを明確に禁止している。

ロシアの核EMPの脅威

ロシアはすでに核弾道ミサイルを地上から発射して宇宙のどこかで爆発させる技術を持っている。また、米国と同様に宇宙ベースの核兵器を開発し、配備するために必要な専門知識も持っている。高高度での核爆発が宇宙に存在するシステムを脅かすことは、1960年代初頭の米ソの核実験でも実証されている。宇宙空間での核爆発は、EMPを発生させ、近くに存在する衛星の電子機器を瞬時に破壊することができる。また、放射線帯を発生させ、数週間から数ヶ月にわたって全地球規模で衛星にダメージを与える。

宇宙ベースの核兵器が生み出す放射線帯は、影響を受ける軌道にある衛星に対して、広範囲かつ無差別に影響を及ぼすだろう。ロシアの多くの衛星も、そしてほかの多くの国の衛星も損害を被る可能性が高い。

繰り返すが、ロシアはすでに核弾頭を宇宙空間に発射できる弾道ミサイルを保有している。これは、使用されるまではいかなる条約にも違反せず、米国から離れた軌道で発射された場合、防御することは事実上不可能である。これまでの宇宙での核実験は、衛星の周回軌道に乗せるのではなく、すべて地球から発射されたミサイルで行われた。

ロシアが他の衛星に危害を加えることを目的とした宇宙ベースの核兵器を開発しているとすれば、これは新しいアイデアでも能力でもない。「宇宙条約」に違反してまで、宇宙に核爆弾を配備するメリットがあまりない。

原子力電子戦衛星などの脅威

宇宙ベースの核兵器のメリットがないのであれば、すでに紹介している、宇宙ベースの非核ＥＭＰ攻撃が可能な「高強度電磁界（ＨＰＥＭ）発生器」を搭載した「原子力非核ＥＭＰ攻撃衛星」が考えられる。これが私の考える「ロシアの新しい対衛星兵器」だ。

ロシアが開発している新しい対衛星能力に関するもうひとつの仮説は、核兵器ではなく、他の衛星を攻撃するための原子力電子戦衛星（nuclear-powered electronic warfare satellite）ではないかというものだ。太陽光発電の代わりに原子力発電を採用することで、衛星は充電する必要がなく、配置できるソーラーパネルの数によって発電量が制限されることもなく、継続的に稼働することができる。

衛星に原子炉と電子戦の装置を搭載すれば、衛星と地球の間の信号や衛星間のリンクを妨害することができる。特定の衛星信号を狙い撃ちし、必要に応じて継続的に作動させることができる高出力の衛星ジャマーを、ロシアが宇宙で欲しがることは明らかだ。なぜなら、トラック、航空機、船舶に搭載された地上用ジャマーは、地球の湾曲や限られた電源等の影響を受けるため、その範囲は大きく限定される。また、通常手段による攻撃にも弱いからだ。

原子力電子戦衛星は、ロシアが核のレッドラインを越えることなく使用できる兵器であり、ロシアに即座に戦場での優位性をもたらすものである。これは懸念すべきことだ。ジャミングは、デブリのような物理的破壊をもたらさない、可逆的な攻撃形態である。

ロシアや他の国々は、平時でも紛争時でも、GPSやテレビ放送のような衛星信号を妨害する意欲を示してきた。それを宇宙から、より大きな電力源を使って行えば、これらの攻撃はより効果的で、打ち負かすのが難しくなるだろう。

結言

デービッド・サンガーは『NYT』紙で以下のように書いている。

〈プーチン大統領は、「ロシアは常に宇宙空間への核兵器配備に断固反対しており、軌道上への核兵器配備を含む宇宙空間の兵器化を禁止する1967年の宇宙条約を尊重してきた」と述べている。米国の情報機関は、プーチン氏が何を計画しているのかについて意見が大きく分かれている。米国政府関係者は、プーチン氏が本当に軌道上に核兵器を配備する用意があるのかどうかについて、自分たちの分析に自信がないことを認めている。〉

いずれにせよ、プーチンは超限戦思想の持主であり、目的達成のためには法的限界や制限を無視して、あらゆる手段を利用する指導者だ。彼が宇宙に核兵器を配置する可能性はゼロではないが、より蓋然性があるのは、宇宙に原子力電子戦衛星などの非核の衛星を配置して米国等の衛星を無力化することだ。

日米などの自由民主主義諸国は、あらゆる手段を駆使してロシアが仕掛ける宇宙戦に対抗しなければいけない。我々の宇宙システムを攻撃することがロシアにとっての利益にならないことを明確に示すべきときである。

第五章

我が国の宇宙開発

「安全保障における宇宙空間の重要性は著しく増大している。宇宙システムの利用なしには、現代の安全保障は成り立たなくなっている」（令和2年の「宇宙基本計画」）

1 日本の宇宙開発と宇宙戦

日本の宇宙開発の能力は世界的に見ても高く評価されている。日本が初めての人工衛星「おおすみ」（100パーセント国産技術の固体燃料ロケット）を打ち上げたのは1970年2月のことであり、これは中国よりも早く「アジアで最初、世界で4番目」の快挙だった。さらに1998年には火星探査機「のぞみ」を打ち上げ、火星探査機を打ち上げた世界で3番目の国になった。また、探査機「はやぶさ2」を地球から約3億キロメートルも離れた小惑星「リュウグウ」に着陸させて世界を驚かせるなど、宇宙開発において大きな成果を挙げている。そして、日本版のGPSである準天頂衛星システムの「みちびき」は、初号機が2010年に打ち上げられ、2018年に4基体制でシステムの運用を開始した。2023年には7基体制が閣議決定され、現在11基体制に向けた検討・開発が行われている。

また、「H－ⅡAロケット」「H－ⅡBロケット」については、51回連続で打ち上げに成功（2024年5月10日現在）、その成功率は98パーセント（H－ⅡB単独では100パーセント）で、信頼性が高いロケットであった。さらに日本は、国際宇宙ステーション運用の参加国であり、このプロジェクトを通じて技術力を獲得し、優秀な人材を育成してきた。

2024年1月20日には、無人探査機「SLIM（スリム）」の月面着陸が成功した。過去に月面着陸に成功したのは旧ソ連、米国、中国、インドであり、日本は5ヶ国目になった。

同年2月17日には、新世代大型ロケットH3の打ち上げに成功した。H3は、2001年から運用中のH－ⅡAの後継機だが、2023年3月の1号機の失敗を受け、背水の陣で臨んだ打上げであった。新エンジンを搭載し、コスト低減を進めたH3が、日本の宇宙開発利用の新たな主軸となる。

以上のような実績を積み重ねてきた日本だが、宇宙戦の分野では宇宙大国である米中露に引き離されていて、やっとスタート・ラインについた状況だ。理由は、憲法第九条に起因する「宇宙の平和利用（＝宇宙は平和的に利用されるべきで、軍事利用すべきではない）」というイデオロギーの影響だ。

宇宙の重要性は今後ますます増大し、軍民の宇宙利用は大きなテーマになってきた。現代戦において宇宙戦は、避けては通ることのできない極めて重要な分野だ。

40年間続いた「宇宙の利用＝非軍事利用」[83]というガラパゴス思考

宇宙開発事業団（ＮＡＳＤＡ：National Space Development Agency of Japan）を設置する際、日本の宇宙利用を非軍事に留めたいという思惑があった。そのため、「非軍事利用が平和目的の利用である」ことを確認する手段として、１９６９年に「（日本の宇宙開発は）平和利用に限る」との国会決議が採択された。しかし、国際的には、「平和目的の宇宙利用とは、防衛目的の軍事利用を含む」という了解がある。ここにも日本独特の安全保障におけるガラパゴス思考が表れている。

日本が約40年続けてきた、この「宇宙の非軍事利用＝平和利用」という宇宙政策が、国際標準の「防衛的な宇宙利用は宇宙の平和利用である」に転換するきっかけになったのは、北朝鮮が１９９８年に行った弾道ミサイル「テポドン」の発射だ。

日本の安全保障が直接的に脅かされている事実を目の当たりにし、政府は１９９８年に情報収集衛星の保有を決めた。自衛隊は衛星保有を禁止されていたため、内閣（具体的には内閣衛星情報センター）が所有・運用するという苦肉の策をとった。

この自衛隊が衛星を保有できないという規定は現実に合致せず、結局2008年5月に制定された「宇宙基本法」により、「防衛的な宇宙利用は宇宙の平和利用である」という国際標準の考え方が認められた。

「宇宙基本法」の第二条では、「宇宙開発利用は、月その他の天体を含む宇宙空間の探査及び利用における国家活動を律する原則に関する条約（所謂、宇宙条約）等の宇宙開発利用に関する条約その他の国際約束の定めるところに従い、日本国憲法の平和主義の理念にのっとり、行われるものとする」と規定されている。

「宇宙条約」（30頁参照　1967年）の定める平和利用の具体的内容（第四条）は、宇宙空間に通常兵器（大量破壊兵器以外の兵器）を配置することや、核兵器搭載の弾道ミサイルが宇宙空間を単に通過することは禁止していない。したがって、宇宙条約等に則ることにより、約40年間続いた「宇宙の非軍事利用＝平和利用」という考え方を脱し、「防衛的な宇宙利用は宇宙の平和利用である」という国際標準の解釈を採用することになった。

83　青木節子、日本の宇宙政策、nippon.com

宇宙基本法は、日本の宇宙政策に最大の転換点となったのだ。

既述のように、宇宙基本法がもたらしたこの変化により、防衛省自身が衛星を所有することが可能となった。それが、2018(平成30)年12月18日に国家安全保障会議および閣議で決定された新しい防衛大綱(30大綱)における「宇宙、サイバー、電磁波」という新たな領域を活用した日本防衛の考え方に繋(つな)がっていくことになる。

令和2年の「宇宙基本計画[84]」

我が国最初の「宇宙基本計画」は、2009(平成21)年6月2日に宇宙開発戦略本部が決定したが、2015(平成27)年以降の宇宙基本計画には「宇宙安全保障」の項目が明示されている。とくに2020(令和2)年6月30日に閣議決定された令和2年版には特筆すべき特徴がある。つまり、「自立した宇宙利用大国となることを目指す」と宣言し、「我が国の宇宙政策の目標」のトップに宇宙安全保障が位置付けられたのだ。

令和2年版に記述されているそのほかの注目点は以下の通りだ。

・ミサイル等による衛星の破壊にとどまらない、多様な妨害手段の開発をはじめとする宇宙空間における脅威の増大が指摘されるなか、米国をはじめ、宇宙を「戦闘領域」や「作戦領域」と位置付ける動きが広がっており、宇宙安全保障は喫緊の課題となっている。

・安全保障における宇宙空間の重要性は著しく増大している。宇宙システムの利用なしには、現代の安全保障は成り立たなくなっており、米国、欧州、ロシア、中国等は安全保障目的で多種多様な衛星を宇宙空間に配備し、先進的な軍事作戦を可能としている。

・米国では宇宙を「戦闘領域」と位置付け、2019年12月に陸海空軍および海兵隊と並ぶ独立軍種として宇宙軍が創設され、フランスでは同年9月に宇宙司令部が創設された。北大西洋条約機構（NATO）も同年12月、宇宙を「作戦領域」であると宣言した。

・宇宙空間における優位性の獲得が死活的に重要としており、宇宙空間の状況の常時継続的な監視や機能保証（Mission Assurance）[85]等を含め、平時から有事までのあらゆる段階において宇宙利用の優位を確保し得るよう、航空自衛隊に宇宙作戦隊を新編した。

84　「宇宙基本計画」、内閣府　宇宙開発戦略推進事務局、2020（令和2）年4月6日
85　宇宙基本計画では「機能保証」と記述しているが、「任務保証」と呼ばれることもある。任務保証とは、その任務遂行に必要な能力と資産（人、装備、施設、ネットワーク、情報、インフラなど）の持続性と強靱さを保護・保証するプロセスのこと。

・宇宙空間を活用した情報収集、通信、測位等の各種能力を一層向上させる。同時に、それらの機能保証のための能力や相手方の指揮統制・情報通信を妨げる能力を含め、平時から有事までのあらゆる段階において、宇宙利用の優位を確保するための能力を強化する（筆者注：ここの部分の記述は重要だ。とくに「相手方の指揮統制・情報通信を妨げる能力」というのは攻撃的な宇宙戦の能力のことで、ここまで踏み込んだ表現を高く評価したい）。

・日米同盟強化に向けた取組の一環として、安全保障面における日米宇宙協力を総合的に強化する。

・人類の活動地域が本格的に宇宙空間に拡大する。宇宙システムを地上システムと一体化させ、地球上の諸問題の解決に貢献していく。

2 我が国最初の「宇宙安全保障構想」

なお、最新の「宇宙基本計画」は2023（令和5）年版だが、我が国最初の「宇宙安全保障構想」が同年6月13日に公表された。両文書には同じような記述内容が多いので、

「宇宙安全保障構想」の中核部分を紹介する。我が国の安全保障を語る際に、この「宇宙安全保障構想」は不可欠な文書だ。この文書は、我が国の宇宙安全保障の主要点を網羅している。この文書を繰り返し読むことをお勧めする。

民間イノベーションの活用

今日、民間部門における宇宙技術の革新が急速に進んでいる。再使用型ロケットや小型ロケットの開発による低コスト・高頻度の打上げ、小型衛星を活用した大規模な衛星コンステレーションの構築、人工知能などの先端技術の宇宙システムへの応用による高度な衛星データ分析といった、新たな宇宙ビジネスへの参入が加速しており、民間部門が技術革新を牽引(けんいん)している。

民間部門が創出する新たな技術を安全保障分野に迅速に取り込むことにより、以下の三つの効果が期待できる。

①研究開発から実証・製造・運用に至るプロセスのスピードアップ
②宇宙システムの能力向上
③民間宇宙サービスの利用を拡大することで、限られた財政のなかでの必要な機能の確保

宇宙安全保障における政府のニーズを民間部門に明確に示すことにより以下の三つが期待される。

①民間投資の促進
②開発ペースの迅速化や製造コストの低廉化などによる産業基盤・産業競争力の強化
③宇宙安全保障の一層の強化

宇宙安全保障政策には、こうした安全保障のための取組と産業基盤・産業競争力の強化という好循環が生み出されることが求められている。

宇宙安全保障上の目標およびアプローチ

●宇宙安全保障上の目標

宇宙安全保障の目標は「我が国が、宇宙空間を通じて国の平和と繁栄、国民の安全と安心を増進すること。同盟国・同志国等とともに、宇宙空間の安定的利用と宇宙空間への自由なアクセスを維持すること」である。

これを達成するためには、「宇宙からの安全保障」と「宇宙における安全保障」という

図表5-1 「宇宙安全保障構想」の概要

宇宙安全保障上の目標

我が国が、宇宙空間を通じて国の平和と繁栄、国民の安全と安心を増進しつつ、
同盟国・同志国等とともに、宇宙空間の安定的利用と
宇宙空間への自由なアクセスを維持すること。

第1のアプローチ
安全保障のための
宇宙システム利用の
抜本的拡大

【宇宙からの安全保障】

①広域・高頻度・高精度な情報収集態勢の確立
②対傍受性・耐妨害性の高い情報通信態勢の確立
③ミサイル脅威への対応
④衛星測位機能の強化
⑤大規模・柔軟な宇宙輸送態勢の確立

第2のアプローチ
宇宙空間の
安全かつ安定的な
利用の確保

【宇宙における安全保障】

①宇宙領域把握等の充実・強化
②衛星の長期的・経済的運用のためのライフサイクル管理
③不測事態における対応体制の強化
④国際的な規範・ルール作りへの主体的貢献

第3のアプローチ
安全保障と
宇宙産業の
発展の好循環の実現

【宇宙産業の支援・育成】

①新たに策定する宇宙技術戦略の実行
・先端・基盤技術開発力の強化
・自律性を確保すべき重要技術の国産化
②政府・関係機関の役割・連携の強化
・JAXAの役割の強化
・政府の先端技術の研究開発成果の安全保障用途への活用
③民間イノベーションの活用
・民間技術の活用
・民間主導の技術開発の支援

出典：「宇宙安全保障構想」

ふたつの考え方が基本となる。

「宇宙からの安全保障」とは、衛星が提供するサービスを利用して安全保障上の課題を解決し、外交力・防衛力・経済力・技術力・情報力を含む総合的な国力を強化していくこと。「宇宙における安全保障」とは、宇宙空間における増大する脅威・リスクに対し、我が国の経済社会にとって不可欠な宇宙システムを守ることだ。

宇宙空間が外交、防衛、経済、情報、そしてそれらを支える科学技術やイノベーション力といった国力をめぐる競争の舞台となり、その競争が激化している。これを踏まえ、関係府省庁が一体となった取組を進めていくこと、同盟国・同志国等との協力を強化していくこと、民間の技術革新の進展成果を迅速に取り込むため国内外の官民連携を強化していくことが重要である。

●目標を達成するためのアプローチ

宇宙安全保障上の目標を達成するため、次の三つのアプローチを採用する（図表5－1〔231頁参照〕）。

①第一のアプローチ：安全保障のための宇宙システム利用の抜本的拡大（宇宙からの安全保障）

宇宙システムから得られる情報を各種の安全保障上の課題への対応に活用して、総合的な国力（外交力・防衛力・経済力・技術力・情報力など）を強化していく。隙のない対応をするために、衛星コンステレーションや情報収集衛星等による情報収集、安全保障用通信衛星の多様化、衛星測位機能の強化などにより、広域かつ高精度の情報を高頻度、高速、効率的に活用する。

②第二のアプローチ：宇宙空間の安全かつ安定的な利用の確保（宇宙における安全保障）

宇宙領域把握（ＳＤＡ：Space Domain Awareness）、軌道上サービスを活用した衛星のライフサイクル管理、不測の事態における政府の意思決定・対応、国際的な規範・ルール作りへの主体的な貢献など、宇宙システムの安全かつ安定的な利用を確保していく。

③第三のアプローチ：安全保障と宇宙産業の発展の好循環の実現

宇宙に関わる強靱（きょうじん）な防衛力は力強い国内宇宙産業と活力あるイノベーション基盤によって支えられる。宇宙産業基盤の強化は技術的・商業的イノベーションに還元され、安全保障のみならず、経済分野における国益にも還元される。民間の宇宙技術の安全保障分野へ

図表5-2　安全保障のための宇宙アーキテクチャ

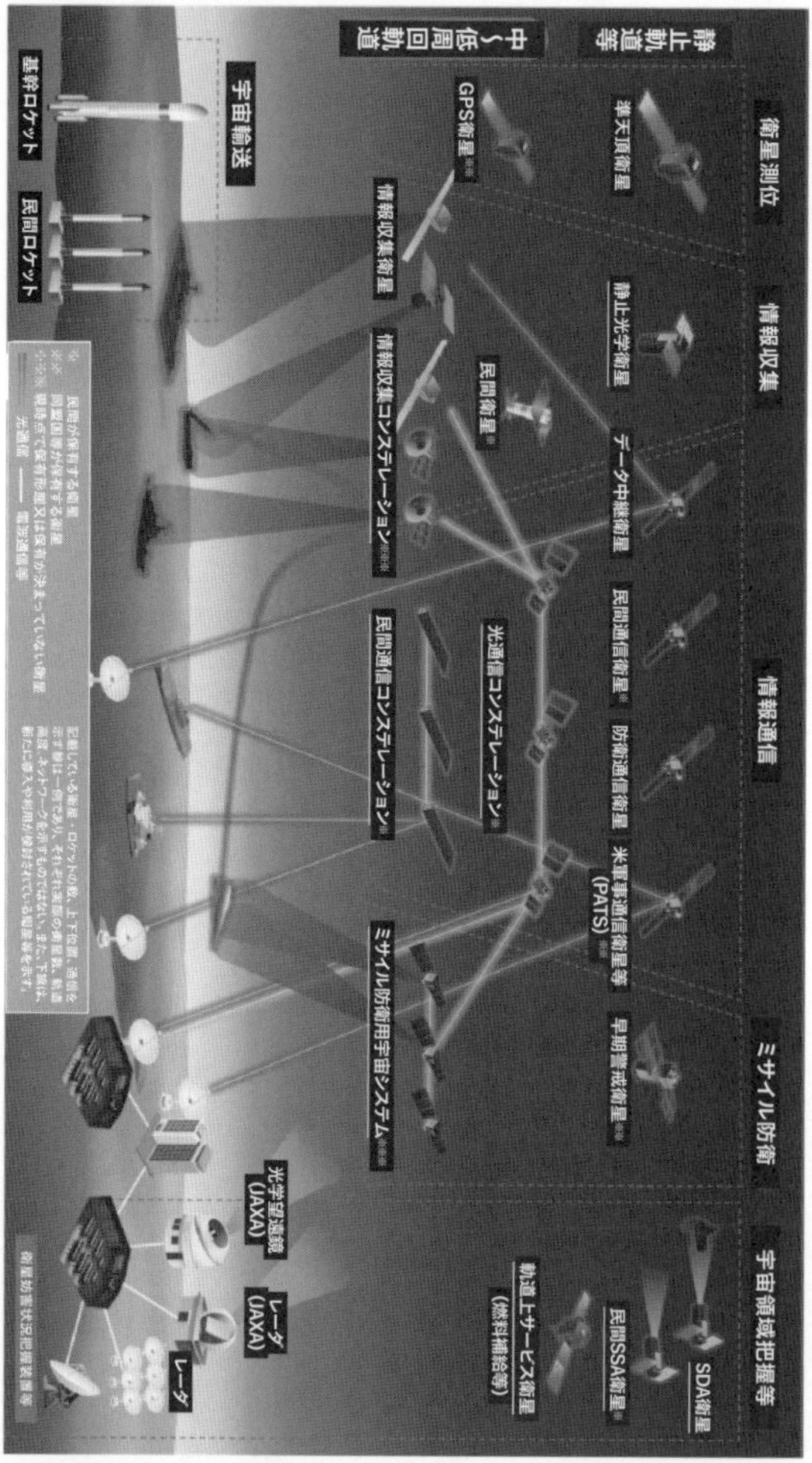

出典：「宇宙安全保障構想」

の活用が国内宇宙産業の発展を促し、それが我が国の防衛力の強化にも繫がる好循環を実現していく。

安全保障のための宇宙アーキテクチャ[86]の構築

●安全保障のための宇宙アーキテクチャ

「宇宙安全保障構想」では、安全保障のための宇宙システム利用の抜本的拡大（第一のアプローチ）および宇宙空間の安全かつ安定的な利用の確保（第二のアプローチ）の将来的な姿として、「安全保障のための宇宙アーキテクチャ」を構築する（図表5－2参照）。そして、これを早期に実装するため、安全保障と宇宙産業の発展の好循環を実現する（第三のアプローチ）。

そして、宇宙をめぐる安全保障環境と課題を踏まえ、安全保障のための宇宙アーキテクチャが備えるべき要件を示している。

86　アーキテクチャは、構造、構成、システム、基本設計、設計思想などを意味する。

●安全保障のための宇宙アーキテクチャが備えるべき要件

①衛星データの互換性・相互運用性とサイバーセキュリティ・情報保全

国内における政策・情報・運用部門が適時に衛星データを活用するためには、各種衛星データの互換性を確保する必要がある。

また、同盟国・同志国との宇宙協力を強化するため、多国間協力が前提となるSDAをはじめとする分野では、相互運用性を確保する必要がある。このため、宇宙システム全体におけるあらゆる面でのセキュリティ対策を適時、整備・更新するといった強化されたサイバーセキュリティ態勢やセキュリティ・クリアランス（秘密取扱者適格性確認制度）を含む情報保全体制が必要である。

また、これを政府の宇宙システムの基準・調達枠組みや、民間と協調するための枠組みに活用することも重要である。

②宇宙空間における脅威・リスクに対応し得る抗堪（こうたん）性

宇宙空間における脅威・リスクに対応するため、宇宙システム全体の抗堪性を強化することが必要である。このため、宇宙システムの同一機能を有する衛星を多数保持するとともに、同一機能を多様な形態で保持すべきである。また、地上局の防護、サイバーレジリエンスの確保等、物理的および非物理的な側面から、総合的に宇宙システムの抗堪性が確保されなければならない。

③民間サービスを活用した経済性

革新的な技術を迅速に取り込み、必要な機能を確保するため、民間サービスを活用して経済性を高めることが必要である。とくに、民間でのイノベーションが加速している情報通信、地球観測、データ・ソリューション分野においては民間サービスの活用を推進すべきである。この際、民間サービスの安全性・安定性を確保するため、各事業者のサイバーセキュリティ水準、情報保全体制、サプライチェーンおよび投資の健全性は確保されたものでなければならない。

第一のアプローチ：安全保障のための宇宙システム利用の抜本的拡大（宇宙からの安全保障）

以下、「宇宙安全保障構想」における第一のアプローチ、即ち「安全保障のための宇宙システム利用の抜本的拡大」（宇宙からの安全保障）について、詳しく見ていく。

●宇宙からの広域・高頻度・高精度な情報収集態勢の確立（情報収集）

官民の衛星の利用、同盟国・同志国との連携の強化といったさまざまな手段を組み合わせ、広域において隙のない情報収集を行う。情報収集コンステレーション、政府による民間サービスの調達の拡大および静止光学観測衛星[87]の活用により、高頻度な情報収集態勢等を確立し、スタンド・オフ防衛能力（敵に対して、その射程圏の外から対処する能力）の実効性の確保や海洋状況把握などに必要な目標の探知・追尾能力を獲得する。

この際、光通信衛星コンステレーションによって情報伝達速度を向上させる。加えて、ＡＩの活用により、画像分析能力を向上させる。また、政府が保有する情報収集衛星については、基数増の着実な実施、高精度・高画質な画像情報の収集、データ中継衛星の運用等を通じた情報伝達速度の向上など、情報収集能力を強化する。

安全保障環境をめぐる諸情勢が急速に変化するなかでも我が国の政策を決定するために必要な情報を収集する。この際、内閣衛星情報センターと防衛省・自衛隊をはじめとする関係省庁との協力・連携を強化するなどして、収集した情報のさらなる効果的な活用を図る。

●宇宙システムによるミサイル脅威への対応（ミサイル防衛）

同盟国との連携により早期警戒衛星情報を活用する。また、我が国の周辺国等による弾道ミサイルや極超音速滑空兵器等の開発・装備化に対応するため、ミサイル防衛用宇宙システム（広域かつ継続的な脅威の探知・追尾、各種装備品間の迅速な情報伝達、衛星で捉えた情報の迎撃アセットへの伝達）について、必要な能力の獲得について検討する。

●重層的かつ耐傍受性・耐妨害性の高い衛星情報通信態勢の確立（情報通信）

防衛省・自衛隊の任務拡大に伴う需要増や周辺国による妨害能力の向上に対応する。その際、静止軌道の衛星（防衛通信衛星、民間通信衛星、米国が主導する軍事通信衛星の帯域共有の枠組み）、低軌道の衛星（民間通信衛星コンステレーション、光通信衛星コンステレーション）等を活用した重層的で冗長性（余裕のある状態）のある衛星通信網により、衛星と地上局、衛星間および地上局間を繋ぐ。この際、同盟国・同志国との相互運用性を確保しつつ、耐傍受性・耐妨害性のある防衛通信衛星を整備する。

87　静止軌道に配置された光学（高性能カメラなど）観測衛星のこと。

●衛星測位機能の強化（衛星測位）

準天頂衛星[88]の機能性や信頼性を高める。衛星測位機能を強化する。ＧＰＳ衛星の利用を含め、同盟国との協力により高い抗堪性を有する衛星測位機能を担保する。また、防衛省と海上保安庁は、準天頂衛星を含む複数の測位信号の受信機の導入を推進する。さらに、防衛省は、宇宙空間での測位信号の活用の検討を進める。

●大規模かつ柔軟な宇宙輸送態勢の確立（宇宙輸送）

他国に依存することなく宇宙へのアクセスを確保するための基幹ロケットの継続的な運用・強化に取り組む。そのなかで、基幹ロケットの打上げの高頻度化、輸送能力の強化、打上げ費用の低減を含めた打上げ能力を強化する。

国内で開発が進む民間ロケットについては、その事業化と打上げ能力の強化を支援し、必要に応じて政府が即時に小型衛星を打ち上げる手段として活用できるようにする。さらに、射場の分散化を進める。

第二のアプローチ：宇宙空間の安全かつ安定的な利用の確保（宇宙における安全保障）

続いて「宇宙安全保障構想」における第二のアプローチ、即ち「宇宙空間の安全かつ安定的な利用の確保」（宇宙における安全保障）について、詳しく見ていく。

●宇宙領域把握等の充実・強化（宇宙領域把握等）

宇宙物体の位置や軌道等の情報を把握する宇宙状況把握（ＳＳＡ）に加え、宇宙物体の運用・利用状況およびその意図や能力を把握する宇宙領域把握（ＳＤＡ）の機能を充実・強化する。

ＳＤＡについては、具体的には地上レーダー、光学望遠鏡および衛星妨害状況把握装置に加え、新たにＳＤＡ衛星を保有・運用するとともに、複数機での運用を検討する。

また、多国間演習への参加、米英豪加によって運用される連合宇宙運用センター（ＣＳｐＯＣ）や米英豪加ＮＺ仏独による連合宇宙作戦イニシアチブへの参加を目指す。

ＳＳＡについては、宇宙航空研究開発機構（ＪＡＸＡ）と防衛省は同分野に関する協力に引き続き取り組む。防衛省においては、民間企業がＳＳＡ衛星を含め地上や宇宙センサ

88　準天頂衛星（「みちびき」）は、準天頂軌道（特定の一地域の上空に長時間留まる軌道）をとる。

を用いて収集した情報の取得を拡大する。また、衛星運用事業者から防衛省のＳＳＡシステムに軌道情報等を提供し得る枠組みを構築し、より精度の高いＳＳＡ情報を民間事業者に配布し得る官民の情報のサイクルを確立する。

また、防衛省・自衛隊は相手方の指揮統制・情報通信等を妨げる能力を保持する。なお、情報通信研究機構（ＮＩＣＴ：National Institute of Information and Communications Technology）の行っている宇宙天気に関する取組については、防衛省・自衛隊の作戦等に活用する。

●軌道上サービスを活用した衛星のライフサイクル管理

衛星のライフサイクル管理は、宇宙空間が戦闘領域化していくなかで、大型の各種静止衛星や高機動の推進技術を必要とするＳＤＡ衛星の長期的・経済的な運用に資する。このため、推薬補給技術などの軌道上サービス技術を早急に確立し、これらの技術を活用して、衛星のライフサイクルを適切に管理していく。

●不測の事態における政府の意思決定・対応

不測の事態に対しては以下の体制を整理・強化することで対応していく。
①関係府省庁と自衛隊、民間事業者が情報を共有する体制
②内閣官房、内閣府、防衛省・自衛隊などが情報収集・分析・共有する体制
③政府としての意思決定を実施するための体制
　これにより、宇宙に関する不測の事態が生じた場合において、事態を正確に把握・分析し、官民が一体となって適切な対応が可能となる。また、同盟国との連携を強化する。

●宇宙空間における国際的な規範・ルール作りへの主体的な貢献

　我が国は国連等における議論に積極的に貢献し、同盟国・同志国等との協力を通じて宇宙空間における責任ある行動に関する規範形成に主体的な役割を果たす。これにより、安全保障の観点も含め宇宙利用に関わる国際的な規範・ルール作りを推進する。

第三のアプローチ：安全保障と宇宙産業の発展の好循環の実現

　続いて「宇宙安全保障構想」における第三のアプローチ、即ち「安全保障と宇宙産業の発展の好循環の実現」について、詳しく見ていく。

●官民一体となった先端・基盤技術開発力の強化

安全保障・民生分野において横断的に、技術・産業・人材基盤の維持・発展に関わる課題についての検討が必要だ。そのうえで、我が国が開発を進めるべき技術を見極め、その開発のタイムラインを示した技術ロードマップを含む宇宙技術戦略を策定する。これにより、国を中心としたミッションに加え、先端・基盤技術の開発と商業化・実用化に向けた技術開発についての道筋を明らかにする。

また、安全保障・研究開発・民生商業利用をそれぞれ担う関係府省庁が中心となり、関係府省庁、ＪＡＸＡ、科学技術振興機構（ＪＳＴ：Japan Science and Technology Agency）、新エネルギー・産業技術総合開発機構（ＮＥＤＯ：New Energy and Industrial Technology Development Organization）およびＮＩＣＴとの連携を強化する。加えて、関係府省庁や関係機関が協力し、最先端技術の活用を検討するため、国内外の研究機関や民間企業等との人材交流や技術協力等を行う。

●重要技術の自律性の確保

安全保障に必要な宇宙システムを構成するサプライチェーンの安全性・安定性を確保し

つつ、一定の自律性を確保すべき重要要素（クリティカルコンポーネント）を明らかにしたうえで、宇宙技術戦略のなかでこれらの国産化を推進するための方向性を明らかにする。

また、国産化を目指す場合には、量産開始以降については民間プロジェクトとして産業側が費用を負担することを前提としつつも、産業側の事業化・収益化を図るため、開発初期における官民の費用負担の在り方を検討する。こうした取組により、重要技術の自律性の維持・確保を図るとともに、生産規模の拡大を通じた製造原価の低減などにより日本企業の国際競争力を向上させる。

●官民の総合力による実装能力の向上

技術進歩・イノベーションが急速に進む宇宙分野において、民間および政府の総合力を活用し、宇宙システムの効果的な研究開発・早期の装備化を行っていく。

とくに安全保障の中核たる防衛省は、戦略・作戦上のニーズを踏まえた調査研究を集中的に行う。また、積極的に民間からの提案を受けつつ、民間技術を活用することで、早期の装備化に向けた取組を推進する。

さらに、防衛省・自衛隊のニーズを踏まえ、政府関係機関が行っている先端技術の研究開発を防衛目的にも活用することで、政府の研究開発を積極的に防衛力の抜本的強化に繋げる。こうした取組の実施に際しては、「安全保障のための宇宙アーキテクチャ」を構築するうえでの共通基盤技術を重視していく。

例えば、衛星コンステレーションを積極的に活用し、宇宙利用を拡大していくための技術として、量産を見据えた設計・製造・検証技術の高度化、衛星コンステレーションにおけるネットワーク最適化がある。

●宇宙開発の中核機関としてのＪＡＸＡの役割の強化

宇宙開発に革新的な変化をもたらす技術進歩が急速に進展しており、我が国の研究開発レベル・技術力の底上げが急務となっている。こうしたなか、研究開発の中核機関としてのＪＡＸＡの研究開発体制を強化するとともに、その人的資源を拡充・強化したうえで、大学や産業界等を交えての総合的な研究開発体制を牽引する組織へと、その役割を強化する。

また、防衛省をはじめとした安全保障に関わる各種機関との協力関係を強化する。具体的にはＪＡＸＡと防衛省のさらなる連携強化により、宇宙安全保障に関わる事業へのＪＡ

ＸＡの知見・技術の活用を一層図るとともに、安全保障機関の研究資金を配布する際のＪＡＸＡの専門的知見の活用方法について検討する。

●民間主導による開発の促進と政府による支援の拡大

これまでのような政府主導による安全保障に関わる装備の開発に加え、安全保障上重要な技術開発を行う企業を政府が支援する協力形態を拡大し、民間イノベーションも含めた民間主導の開発を促していく。

この際、情報収集衛星をはじめとする政府主導のプロジェクトから得られた共通技術や基盤技術の成果を民間にスピン・オフし、また、民間イノベーションを迅速に政府側にスピン・オンすることにより、民間事業者の国際競争力を強化していく。同時に政府主導プロジェクトの迅速性の向上やコスト低減を図り、これらふたつの開発形態を好循環で作用させる。

●競争力のある企業に対する選択的・総合的支援

イノベーションを牽引する産業界の活力を活かすため、安全保障上も重要な技術を開発する異業種やスタートアップ企業に対する支援プログラムを拡大する。とくに、軌道上サービス、小型SAR衛星・光学衛星、光通信衛星、小型ロケットをはじめとしたデュアルユース性が高く、グローバルなビジネス展開が期待できる分野に対しては、リスクマネー[89]の供給、国内の制度設計、国際的な連携までも含めた総合的な支援を拡大する。

●技術成熟レベルに応じた官民の投資・契約スキームの多様化

これまで政府が主導する研究開発プログラムの多くは、政府がすべて投資する受託型研究開発が中心であった。今後は、安全保障分野での活用が期待される分野のうち、民間主導で技術成熟度を高めていく事業については、事業者自身の投資を求めつつ、政府等から技術成熟度を高めるために必要な支援を継続的に提供していく。このため、新たな技術開発が事業者によるビジネス拡大のインセンティブに繋がるよう、政府と産業界の技術開発投資負担や補助の在り方を最適化する。

「宇宙安全保障構想」のこれから

本構想は、おおむね10年の期間を念頭に置いた取組を示すものであるが、宇宙関連技術の急速な進展や、我が国を取り巻く安全保障環境の急激な変化を踏まえ、継続的にその効果を評価・検証し、情勢に重大な変化が見込まれる場合には必要な検討を行い、所要の修正を行う。

宇宙は、安全保障、民生両面で大きな利用の可能性が広がる領域である。我が国は宇宙安全保障を戦略的に推進し、成長の機会を掴み、我が国の平和と繁栄に確実に繋げていく。

いま、我が国の宇宙政策および宇宙産業は大きな変革の時期を迎えている。２０２３年6月に「宇宙安全保障構想」が宇宙開発戦略本部により決定され、「宇宙基本計画」が閣議決定された。

また、２０２４年3月28日に安全保障・民生分野において横断的に我が国の勝ち筋を見据えながら、開発を進めるべき技術を見極め、その開発のタイムラインを示した技術ロードマップを含んだ「宇宙技術戦略」が新たに策定された。２０２３年11月29日の参院本会議ではＪＡＸＡによる民間企業などへの資金提供機能を広げるＪＡＸＡ法改正案が可決・成立した。

89　高いリターンを得るため、回収不能になるリスクを負う投資資金。

加えて、我が国の防衛力も抜本的な強化が目指されており、宇宙安全保障の確保に向けた取組を加速する機会である。産業界としては、我が国の宇宙活動の自立性を維持・強化し、世界をリードしていくという宇宙基本計画の実現に貢献することができるよう、これまでの研究開発を通じて培ってきた技術やノウハウを最大限活用する必要がある。結果、我が国の宇宙産業の発展に尽くすことになる。我が国はスタートアップの創出・成長や大企業との連携拡大を含め、産業界全体として宇宙開発人材の育成・宇宙産業基盤の強化に取り組み、産業活性化を推進する。

3　日本の宇宙開発における最近の成果

日本月面着陸に成功[90]

日本の悲願であった「無人探査機の月面着陸」がついに成功した。無人探査機「ＳＬＩＭ」は、Ｈ－ⅡＡロケット47号機で２０２３年９月７日に種子島宇宙センターから打ち上げられ、同年12月25日に月周回軌道へ投入された。その後、２０２４年１月19日に着陸降下に備えて楕円軌道に投入されていた。

写真5-1 「SLIM」イメージ図

出典：JAXA

ＪＡＸＡは２０２４年１月20日、「ＳＬＩＭ」が月面着陸に成功したと発表した。日本は５ヶ国目の月面着陸成功国になった。

「ＳＬＩＭ」は、月への軟着陸（ソフトランディング）に成功したのみならず、世界で初めてピンポイント着陸に成功した。ピンポイント着陸とは、「狙った場所に確実に着陸すること」だ。

着陸当初、探査機の太陽電池が電力を発生しないトラブルに見舞われたが、その後に状況は改善された。着陸後に電波を受信できていること、太陽電池だけが損傷するような状況は考えにくいといった理由から、「ＳＬＩＭ」は機体に固定され

90　宇宙航空研究開発機構作成の報告資料、〝小型月着陸実証機（ＳＬＩＭ）、超小型月面探査ローバ（ＬＥＶ-１）、および変形型月面ロボット（ＬＥＶ-２）の月面着陸結果について〟、２０２４（令和６）年２月26日

ている太陽電池が想定とは違う方向を向くような姿勢になってしまっていたものとみられる。

また、「ＳＬＩＭ」に搭載されていた小型の探査ロボット「ＬＥＶ－１」および「ＬＥＶ－２」は正常に分離されている。

それに次ぐ宇宙開発における成果は、新世代大型ロケットＨ３の打ち上げ成功だ。日本の宇宙開発の命運を握っていると言われていたＨ３の打ち上げが２０２４年２月17日に行われた。Ｈ３は小型衛星２基を予定の軌道に投入し、さらに大型衛星に見立てた重りを予定通りに分離し、打ち上げは成功した。

Ｈ３は２００１年から運用中のＨ－ⅡＡの後継機だが、２０２３年３月の１号機の失敗を受け、背水の陣で臨んだ打上げであった。新エンジンを搭載し、コスト低減を進めたＨ３が、日本の宇宙開発利用の新たな主軸となる。

さらにデブリ除去などの軌道上サービスにおける世界初の専業民間企業アストロスケール・ホールディングスの設立だ。軌道上サービスとは、軌道上の宇宙機（人工衛星、宇宙船、宇宙ステーションなどの人工物）の衝突回避やデブリの排除を目的とするサービスである。アストロスケールは現在、世界で初めてのデブリ除去の実証実験を行っている。以下、アストロスケールに焦点を当てて紹介する。

軌道上サービス

中国が2007年1月に、ロシアが2021年11月に実施した「地上からミサイルを発射して衛星を破壊する実験」によりデブリが大量発生した。また、小型衛星コンステレーションなどによる宇宙機やデブリなどの増加により、軌道上の混雑が急速に進行している。軌道上の混雑に伴い、衛星同士の衝突や衛星とデブリの衝突リスクが増大している。

また、軌道上における衛星の運用で「ランデブー・近接運用（RPO）」というものがある。宇宙空間において2機以上の宇宙船や宇宙ステーションなどが速度を合わせて同一の軌道を飛行し、たがいに接近する運用のことだ。

最も頻繁に行われているランデブーは、宇宙ステーションへの宇宙飛行士の往還と物資の補給で、いわゆる平和的なランデブーだ。しかし、中国やロシアは、相手の衛星を破壊する目的でランデブーを行う実験をしている。これは敵対的なランデブーと言える。

私がなぜアストロスケールの軌道上サービスを重視するかと言うと、それが宇宙での中国やロシアの攻撃に対抗するためのヒントを与えてくれるからだ。

図表0-5(41頁)を見てもらいたい。宇宙に展開する衛星を攻撃する手段として、攻撃対象の衛星と同一軌道において、衛星による体当たり攻撃、ロボットアーム搭載衛星による攻撃、レーザー攻撃、高出力マイクロ波による攻撃、高周波ジャマーによる通信妨害などがある。

以上のような軌道上の宇宙機の衝突回避やデブリの排除を目的とする「軌道上サービス(IOS:In Orbit Service)」は不可欠である。内閣府HPに掲載されている「宇宙技術戦略」によると、将来的には以下のような措置がなされるであろう。

①衛星を打ち上げる前に衛星運用終了後の適切な廃棄処理を計画し、その実行が求められる。

②ロボットアーム搭載衛星などを使用した積極的デブリ除去(ADR:Active Debris Removal)」を行う。

③衛星に対する燃料補給・修理などの軌道上サービスにより衛星の寿命を延長し、デブリの数を一定程度まで管理された状態にする。

④すべてのサービスで共通して利用される対象物体に近づいて作業するための、軌道上サ

ービスの共通技術（ＲＰＯの効率化・高度化技術、マニピュレータ〔ロボットの腕や手に当たる部分〕技術等）を確立する。

アストロスケール

アストロスケールは、軌道上のデブリを除去・低減するために、衛星の寿命延長、故障機や物体の観測・点検、衛星運用終了時のデブリ化防止、既存デブリの除去など、軌道上サービスの全分野で革新的なソリューションを開発し、持続可能な宇宙経済圏を築くために、２０１３年に設立された。

アストロスケールは、デブリ除去を含む全軌道における軌道上サービスに専業で取り組む世界初の民間企業であり、世界に類を見ない企業である。

以下の記述は同社のＨＰ等を参考にした。

●英国宇宙庁との契約を獲得

アストロスケール・ホールディングスの英国子会社である「アストロスケールＵＫ」は、軌道上サービスおよび衛星の寿命末期（ＥＯＬ：End of Life Service）管理サービスの世界的リーダーである。同社は英国宇宙庁（ＵＫＳＡ：United Kingdom Space Agency）の「ＡＤＲ再補給可能性研究」（契約額２００万ポンド）を２０２４年3月5日に落札したことを発表した。

この英国宇宙庁の研究は、英国初のＡＤＲミッションの再補給に焦点を当てたもので、燃料等の再補給により衛星の寿命を延ばし、デブリ化を防ぐなどの効果が期待できる。この研究が成功すると、衛星産業を変革し、宇宙事業をより持続可能なものにするというミッションの重要なマイルストーンとなる。

デブリ除去研究プログラム「ＣＯＳＭＩＣ（Cleaning Outer Space Mission through Innovative Capture）」では、アストロスケールのＲＰＯや捕獲機能を活用し、役目を終えて現在地球を周回している英国の衛星2機を２０２6年までに除去する。

ＣＯＳＭＩＣミッションのために、アストロスケールＵＫは英国を拠点とする10社以上のパートナー企業と提携している。

●アストロスケールの商業デブリ除去実証衛星「アドラスジェイ」、打上げに成功

アストロスケールは人工衛星システムの製造・開発・運用を担っている。

同社の商業デブリ除去実証衛星「アドラスジェイ（ＡＤＲＡＳ－Ｊ：Active Debris Removal by Astroscale-Japanの略）」が２０２４年2月18日深夜、ニュージーランドにあるロケットラボ（Rocket Lab）[91]の第一発射施設より打ち上げられ、軌道投入に成功した。

アストロスケールは、大型デブリ除去等の技術実証を目指すＪＡＸＡの商業デブリ除去実証（ＣＲＤ２：Commercial Removal of Debris Demonstration2）フェーズＩの契約相手に選定され、「アドラスジェイ」を開発した。

「アドラスジェイ」はロケットラボのロケット「エレクトロン（Electron）」によって打ち上げられ、軌道投入後、長期間デブリ状態になっている日本の使用済みロケットに対する接近・近傍運用を実証し、デブリの運動や損傷・劣化状況の撮像を行う。本ミッションは、実際のデブリへの安全な接近を行い、デブリの状況を明確に調査する世界初の試みだ。ここで行われる調査はデブリ除去を含む軌道上サービスにおいて不可欠である。

本ミッションで実証するＲＰＯ技術は、デブリ除去を含む軌道上サービスの中核となる

91　２００６年、ニュージーランドで創業したロケット打上げ企業。小型ロケット「エレクトロン」を運用している。本社は米国ロングビーチだが、ニュージーランドにも拠点を持つ。

ものだ。本物のデブリを対象としてこれを実証することは、世界の宇宙産業界にとっても大きな一歩だ。

本ミッションは現在、「アドラスジェイ」搭載機器のチェック等を行う初期運用フェーズに移行している。これを完了したあと、RPO等の技術実証に挑む予定だ。本ミッションで接近・調査の対象となるデブリは、2009年に打ち上げられた「HⅡ-Aロケット」の上段（全長約11メートル、直径約4メートル、重量約3トン）だ。このデブリは非協力物体であり、位置情報を発信していないため正確な位置情報を取得することができない。そのような状態で、「アドラスジェイ」は地上からの観測データや搭載センサを駆使してデブリに接近する予定だ。

●「アドラスジェイ」がデブリへの接近を開始

アストロスケールは、「アドラスジェイ」のミッションにおいて衛星の初期運用を終え、2024年2月22日、世界初となるデブリへの接近を開始したと発表した。

運用を終了した衛星等のデブリは非協力物体であり、外形や寸法などの情報が限られるほか、位置データの提供や姿勢制御などの協力が得られない。よって、当該デブリに安全・確実にＲＰＯを実施することは、デブリ除去を含む軌道上サービスを提供するための基盤となる。

「アドラスジェイ」は実際のデブリへの安全な接近を行い、デブリの状況を明確に調査する世界初の試みである。具体的には、大型デブリへの接近・近傍運用を実証し、長期間軌道上に存在するデブリの運動や損傷・劣化状況の撮像を行う。

「アドラスジェイ」はまず、自身に搭載するＧＰＳと地上からの観測値をもとに、推進システム等を駆使してデブリに接近していく。これを絶対航法という。そして一定の距離に達すると、衛星搭載センサを駆使する相対航法へ切り替え、対象デブリとの距離や姿勢などさまざまな情報をもとに、安全にさらに距離を詰めていく。また、センサのシームレスな切り替えも高難度だが非常に重要であり、これは地上で譬（たと）えると、高速で移動しながら、望遠鏡から双眼鏡、虫眼鏡へと切り替えるイメージだ。

宇宙技術戦略と「アドラスジェイ」の関係

日本の宇宙開発を理解するためには、宇宙開発戦略本部の「宇宙基本計画」や内閣府の「宇宙技術戦略」を読み込むことが必要になる。とくに２０１５年以降の「宇宙基本計画」

には「宇宙安全保障」の項目が明示されていて参考になる。

「宇宙基本計画」と「宇宙技術戦略」を読むと、その内容とアストロスケールの業務が密接な関係にあることがよく解る。つまり、アストロスケールの「アドラスジェイ」によるデブリ除去実証実験がなぜ必要なのかがよく解る。

「宇宙技術戦略」では、衛星、宇宙科学・探査、輸送等の技術分野についての先端・基盤技術開発と、民間事業者を主体とした商業化に向けた開発支援について道筋を示している。

アストロスケールに関係するのは、衛星分野における重要技術の「軌道上サービス」に関する技術であり、その環境認識について以下のように記述されている。

①軌道上サービスの共通技術

デブリ除去や燃料補給による衛星の寿命延長をはじめとした、軌道上サービスを実施するためには、ランデブー・近接運用（RPO）技術やマニピュレータ技術等の軌道上サービスの共通技術が必要だ。これらの共通技術によって、サービスが実施できる距離までサービス衛星が対象物体に接近することができる。

接近後の接触型のサービスにおいては、物理的に接近・捕獲・接続することが必要となる。

②軌道環境・物体の状態監視・遠隔検査技術

我が国においては、２０２３年３月より、防衛省が米国やＪＡＸＡと連携し、宇宙状況把握（ＳＳＡ）情報の集約、処理について、民間業者を含めて共有している。

ＪＡＸＡでは、デブリ衝突回避制御計画立案を支援するツールを開発し、２０２１年から防衛省、米国の連合宇宙運用センター（ＣＳｐＯＣ）から提供されるデブリ接近情報とともに、国内外の公的機関、企業、大学等の人工衛星運用機関に無償で提供している。

また、防衛省では宇宙物体の運用・利用状況およびその意図や能力を把握する宇宙領域把握（ＳＤＡ）体制を構築するため、２０２６年度までの打上げを目標に、我が国独自のＳＤＡ衛星を保有するとともに、他国の動向等を踏まえつつ、さらなる複数機での運用に関する検討や全地球航法衛星システム（ＧＮＳＳ）[92]を用いた宇宙空間での測位を含めた各種取組を推進している。

92　ＧＮＳＳはGlobal Navigation Satellite Systemの略。ＧＮＳＳは米国のＧＰＳ、ロシアのグロナス、欧州委員会のガリレオ、中国の北斗を指す。

③デブリ除去・低減技術

デブリ除去・低減に取り組むべく、2026年度以降にデブリ除去実証（フェーズⅡ）を計画する我が国の商業デブリ除去実証（CRD2）プロジェクトのほかに、欧米の各国においてさまざまなデブリ除去実証プロジェクトが計画されている。

欧州では欧州宇宙機関（ESA：European Space Agency）のもと、スイスのクリアスペース（Clear Space）社が制御再突入[93]による100キログラムクラスの小型デブリの除去を予定し、2026年に打上げが予定されている。

英宇宙庁のミッションにおいては、クリアスペース社と英アストロスケール社が、2026年中のデブリ除去実証を行うべく、選出されている。

安全保障分野においては、米宇宙軍のオービタル・プライム（Orbital Prime）プロジェクトのもと、2026年ころのデブリ除去実証を目指し、2022年に100社超のスタートアップ企業等との契約を開始している。

④燃料補給・修理・交換等の寿命延長技術、軌道上製造組立技術

ミッション機器がまだ機能しているにもかかわらず、燃料が枯渇する等により寿命を迎える衛星は、静止衛星の半数程度あるとされている。

寿命延長技術は、そのような衛星にサービス衛星をドッキングさせることで、軌道の維持や姿勢制御を実施して衛星の運用を継続させたり、燃料補給によって寿命を延ばし、ミッションの継続を可能にしたりする。

さらに、軌道上修理・交換・製造組立技術によって、ミッションの継続を可能とすることに加え、軌道上でのミッションの追加や変更、搭載機器のアップグレード、ポストＩＳＳ（国際宇宙ステーションの後継ステーション）、月・惑星探査活動への利用などをはじめとするさまざまな軌道上物体の製造等の可能性が広がる。

これらの技術によって、宇宙機の使い捨て文化からの脱却や、軌道上サービス・ロジスティクスの概念拡張等による新たな市場の開拓が可能となる。

本項においては、宇宙開発において重要な技術のなかで軌道上サービスに絞って説明してきた。なぜなら、衛星軌道上でのランデブー・近接運用（ＲＰＯ）を重視する中国やロ

93　デブリ除去衛星がデブリを捕獲し、デブリとともに大気圏に再突入し、大気圏で燃え尽きることによりデブリ処理をする方式。

シアの宇宙安全保障上の脅威があるからだ。

加えて企業としては、日本のアストロスケールが軌道上サービスの分野において、世界初の専業企業として奮闘している状況を伝えたかったからだ。

世界各国が参入している宇宙開発分野の競争は激しくなっている。各国ともこの分野において主導権を握ろうとしている。我が国も例外ではない。我が国の宇宙開発は完璧なものではないが、成果を着実に上げながら発展している。さらなる発展を期待してやまない。

4　ＪＡＸＡによるさまざまな活動

「はやぶさ2」を使い小惑星の軌道を変える実験を予定[94]

ＪＡＸＡは「プラネタリー・ディフェンス（地球防衛）」というユニークな試みを行っている。これは、地球に衝突しそうな小天体に小惑星探査機「はやぶさ２」を衝突させて軌道を変える試みだ（図表５－３参照）。「はやぶさ２」は２０２０年12月、小惑星リュウグウの試料を収めたカプセルを地球に送り届けたが、その後も残った燃料を節約しながら地球と火星の間を回る小惑星「１９９８ＫＹ２６」を目指している。

図表5-3　地球防衛

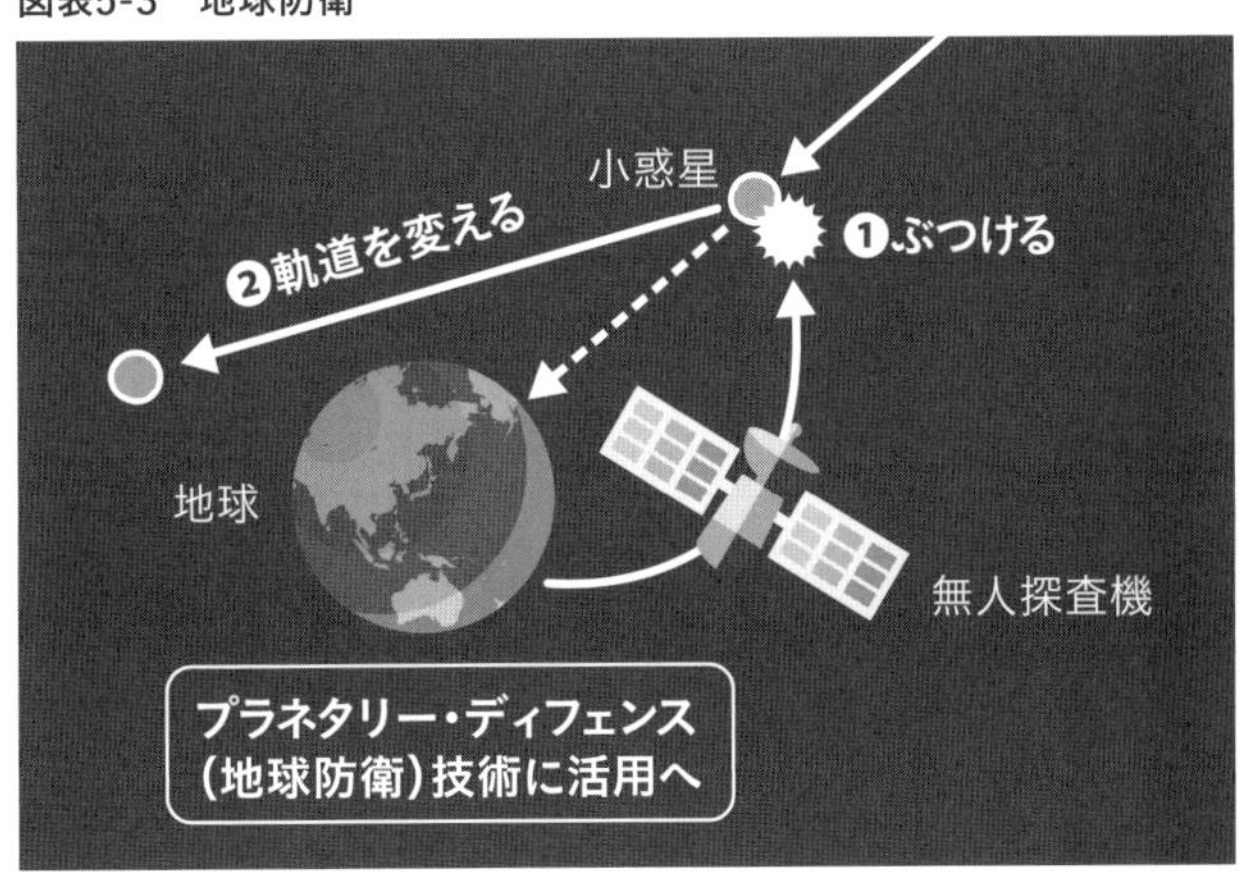

出典：複数の資料を基に作成

JAXAは姿勢制御装置のプログラムを遠隔で更新し、2025年初めには「はやぶさ2」が高精度な飛行ができるようにする予定だ。そして、「はやぶさ2」が2026年に到着する小惑星で、衝突ぎりぎりまで接近する軌道運用技術の実証実験を行う予定だ。

JAXAによると、実証実験を小惑星「2001CC21」に対して行う。「はやぶさ2」は、直径約700メートルの小惑星に10キロメートル以内に近づき、衝突しないぎりぎりの軌道を高速で通りすぎる。

やり直しができない難しいミッションだが、正確な軌道で接近する技術を獲得することで、

94　読売新聞、2023/12/18

図表5-4　国のSSA体制

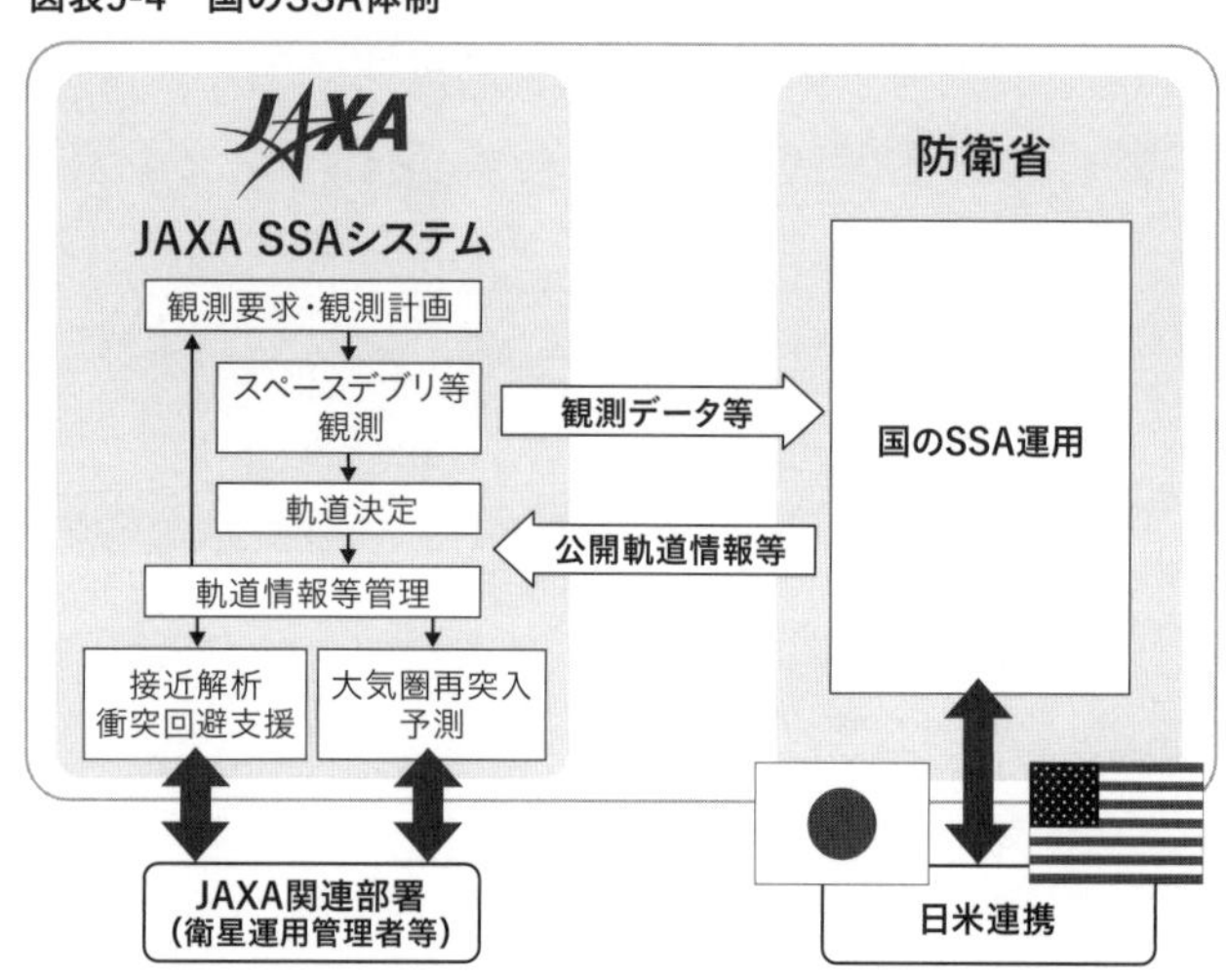

出典：JAXA

地球に衝突しそうな小天体に探査機をぶつけて、軌道を変える地球防衛技術の獲得に繋げる。

我が国におけるSSA体制とJAXA [95]

我が国においては、防衛省を中心とした国のSSA体制を構築している。2023年3月より、防衛省が米国やJAXAと連携し、SSA情報を集約～処理している。このSSA情報は民間事業者とも共有している。

JAXAのSSAシステムは、低軌道帯のデブリを観測するレーダー、静止軌道帯のデブリを観測する光学望遠鏡、そしてこれらの観測データを分析してデブリの軌道を計算し、さまざまな解析を行う解析システムで構成されている。
ＪＡＸＡではデブリ衝突回避制御計画立案支援ツールである「ＲＡＢＢＩＴ」を開発し、２０２１年から防衛省、米国の連合宇宙運用センター（ＣＳｐＯＣ）から提供されるデブリ接近情報とともに、国内外の公的機関、企業、大学等の人工衛星運用機関に無償でＳＳＡ情報を提供している。[96]
ＪＡＸＡは、ＳＳＡシステムでＳＳＡに技術的に貢献するため、２０２３年にＳＳＡシステムをリニューアルした。新しいＪＡＸＡのＳＳＡシステムは、より小さなデブリを追いかけられるレーダーを備えており、さらに多くのデブリ軌道が把握できるようになっている。加えて観測データを処理する解析システムも能力が向上している。また、光学望遠鏡は古くなった部分の修理をした。

95　この項はＪＡＸＡのホームページを参考にしている。
96　宇宙技術戦略、https://www8.cao.go.jp/space/comittee/dai110/siryou1.pdf

図表5-5　デブリ観測所

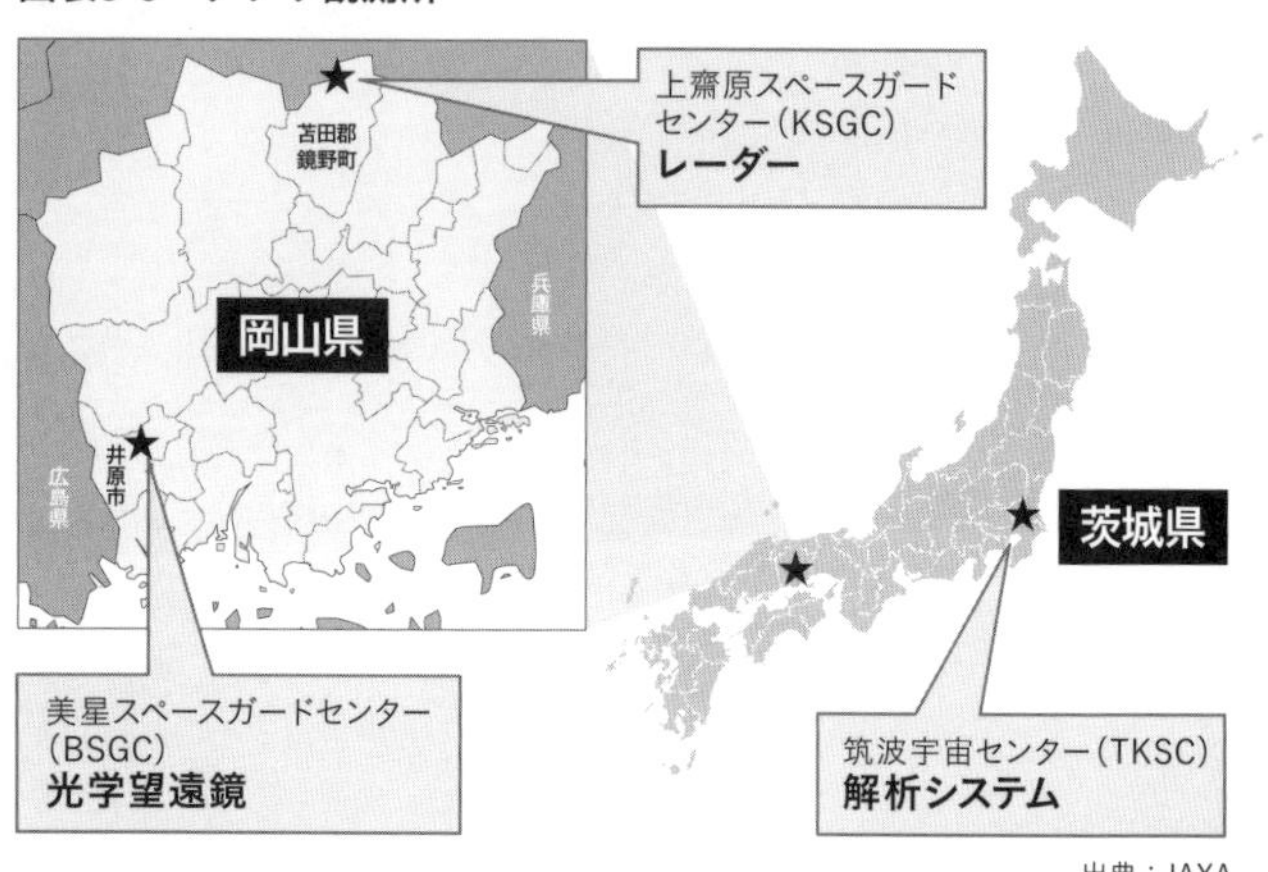

出典：JAXA

JAXAのSSAシステムの構成[97]

以下、ＪＡＸＡのＳＳＡシステムを詳しく見ていく。

●デブリ観測施設

ＳＳＡシステムのレーダーは、岡山県苫田郡鏡野町の上齋原スペースガードセンター、光学望遠鏡は同じく岡山県井原市にある美星スペースガードセンターにある。レーダーは高度２０００キロメートル以下の高度帯、光学望遠鏡は高度約３万６０００キロメートルの静止軌道帯のデブリの観測を行っている。

レーダーと光学望遠鏡のデータは筑波宇宙センター内にある解析システムに伝送され、各種解析が行われている。

図表5-6　追跡ネットワーク技術センターのSSA運用

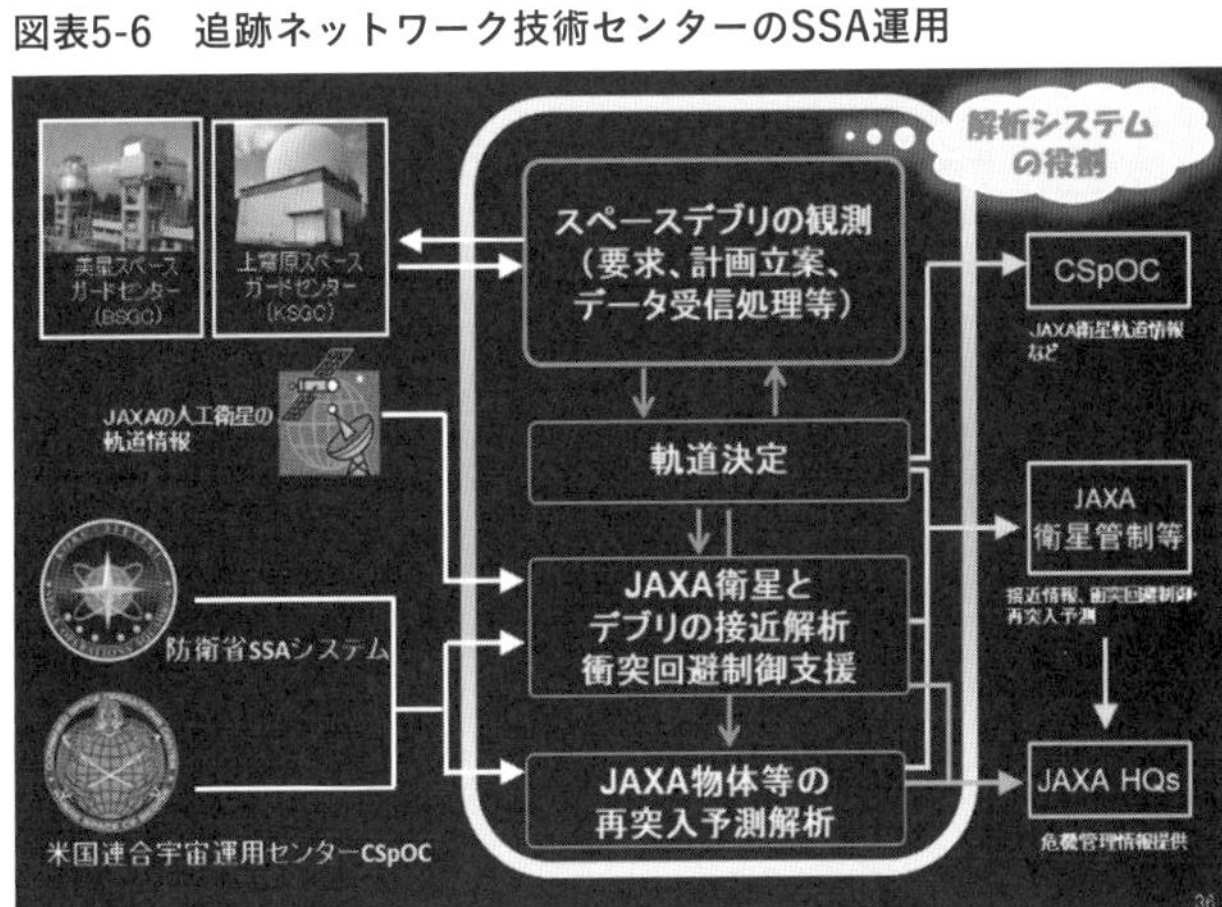

出典：JAXA

●ＪＡＸＡ追跡ネットワーク技術センターの活動

追跡ネットワーク技術センターでは、岡山のレーダーおよび光学望遠鏡を使って宇宙物体の観測を日々行っている。加えて、米国の連合宇宙運用センター（ＣＳｐＯＣ）と防衛省から入手する情報に基づき、さまざまな解析を行っている。

例えば、以下のような活動だ。

①ＪＡＸＡの人工衛星に接近するデブリがないかどうかの解析

衛星が飛ぶ予定の軌道とカタログ化されて

97　ＪＡＸＡのホームページ、〝宇宙状況把握（SSA Space Situational Awareness）〟

いる（軌道情報が分かっている）全デブリが飛ぶ予定の軌道を照らし合わせて、近づかないか解析する。

②デブリの接近を発見した場合は、それを人工衛星の運用担当へ通知

デブリがどのくらい近づいて、どのくらい危険かを連絡・共有する。

③人工衛星が接近中のデブリをどのように避けたらよいかの計算

いつ・どの方向に・どれくらい避けることが適切かを解析する。

④大気圏に再突入しそうなデブリの大気圏再突入予測

地球の周りを飛んでいる物体は、地球大気や太陽からの放射によって少しずつ高度が下がっていき、いずれ地球の大気圏へ再突入する。この情報をもとにデブリが飛ぶ（降下する）予定の軌道を計算し、いつ・どこへ再突入するかを計算する。

なお、追跡ネットワーク技術センターのＳＳＡ運用は図表５－６（２６９頁）の通り。

５　防衛省・自衛隊の宇宙への取組

宇宙分野の大国である米国、中国、ロシアが宇宙を戦場と認識して、宇宙をめぐる覇権争いを展開しているときに、我が国は「宇宙の平和利用」という主張にこだわり、宇宙の安全保障分野において大きく立ち遅れてきた。

しかし、航空自衛隊に宇宙作戦隊が２０２０年5月18日に編成されて以来、宇宙安全保障に本格的に参入することになった。以下、防衛省・自衛隊の宇宙への取組について記述する。

「防衛計画の大綱」に見る「宇宙の防衛目的利用」の変遷

「宇宙基本法」の成立を受けて、宇宙を防衛目的のために利用することを初めて明記したのは、２０１０（平成22）年12月に決定された防衛計画の大綱（「22大綱」）だ。とはいえ「22大綱」では、「宇宙空間を使って情報収集をする」という限定的な表現がなされていた。

3年後の２０１３（平成25）年12月に決定された「25大綱」では、衛星を用いた情報収集や指揮・統制・情報・通信能力の強化、光学やレーダーの望遠鏡で宇宙空間を監視すること、即ち宇宙状況把握（ＳＳＡ）が具体的な「防衛的な宇宙利用」であるとして記載されている。「22大綱」と比して、防衛目的の宇宙利用はより積極的なものとなっている。

２０１８（平成30）年12月に決定された「30大綱」では、「宇宙・サイバー・電磁波といった新しい領域における優位性を早期に確保すること」「宇宙における優位性を早期に確保する」という表現で、世界標準の考え方が示された。

また、「30大綱」では陸・海・空という伝統的な空間にプラスして宇宙・サイバー・電磁波を加えた六つの領域（ドメイン）を相互に横断して任務を達成する「領域横断作戦」が採用されたことも特筆すべきだ。

宇宙を安全保障、防衛という観点から活用するという点において、日本は先進7ヶ国（G7）構成国のなかでは最も遅れた国だ。宇宙戦の新参者である。先に触れたように日本では2008年まで、宇宙を防衛目的で利用することが実質的に禁止されていたからだ。「30大綱」に規定された自衛隊の宇宙に関わる役割は次の通りだ。

①日本の安全保障に重要な情報収集

②通信、測位航法等に利用されている衛星が妨害を受けないように、宇宙空間の常時継続的な監視を行うこと

③妨害を受けた場合には、どのような被害であるのかという事象の特定、被害の局限、被害復旧を迅速に行うこと

図表5-7　防衛省の宇宙への取組

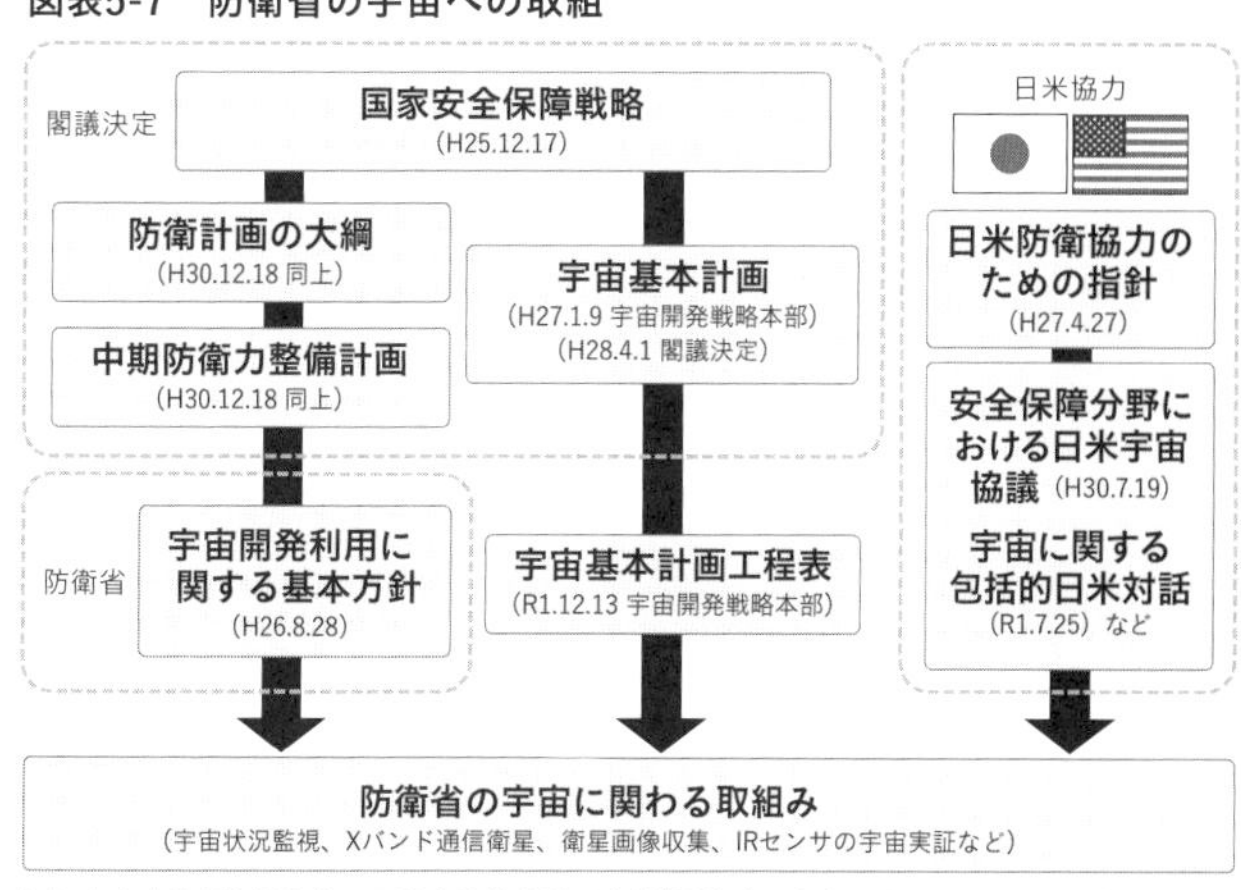

出典:宇宙安全保障部会 第27回会合防衛省説明資料「防衛省の宇宙活動について」を渡部加筆修正

我が国は「30大綱」でやっと宇宙戦を遂行するスタート地点に到達した。一方で、宇宙先進国は宇宙での武力紛争に対する備えを真剣に始めている。

防衛省の宇宙への取組

現時点での防衛省の宇宙への取組は図表5-7の通りだ。防衛省は国家安全保障戦略、防衛計画の大綱、中期防衛力整備計画（中期防）、宇宙基本計画・工程表を根拠にしながら宇宙に関わってきた。また、防衛省にとってもうひとつの重要な柱である「日米の宇宙分野での協力」については、「日米防衛協力のための指針（ガイドライン）」を根拠にしながら、米国との協議や対話を行ってきた。

防衛省は上記のような宇宙への取組を行ってきたが、いよいよ航空自衛隊に宇宙専門部隊が編成されたことにより、宇宙安全保障の分野で大きな変化が起こっている。

航空自衛隊の宇宙作戦群

航空自衛隊は空を超え、新たな領域である宇宙へと活動領域を拡大している。2022年3月に新編された宇宙作戦群は、宇宙領域における指揮統制を担う部隊の上級部隊として宇宙状況監視などの宇宙領域における実運用や人材育成を実施していく。なお、宇宙作戦群は2020年に新編された宇宙作戦隊を編入している。

宇宙空間は各種の人工衛星が打ち上げられ、官民双方の不可欠な非軍事的インフラとして認知されている。軍事と安全保障分野においても、主要国は平和および安全を維持するための宇宙利用を積極的に進めている。

しかし一方で、デブリが急激に増加しており、人工衛星と衝突して衛星の機能が損なわれる危険性が増大している。また、人工衛星に接近して妨害する衛星の開発なども指摘されており、我が国としても宇宙空間の安定利用の確保に努めていく必要がある。このため、航空自衛隊では宇宙を監視し、正確に状況を認識するためのＳＳＡ体制構築を進めている。

まず、デブリを監視するレーダーと情報の収集・処理・共有などを行う運用システムを整備し、さらに今後は宇宙設置型光学望遠鏡、即ちＳＳＡ衛星、低軌道の人工衛星との距離を計測する地上設置型レーザー測距装置などを導入していく。宇宙の状況を正確に認識するためには、例えば「人工衛星にデブリがいつどこでどの程度まで接近するか」といった解析を行うことが、重要になっている。

このため、宇宙作戦群のオペレーションセンターにおいて、ＳＳＡの実任務を行う隊員の育成を進めている。具体的には観測データのシミュレーションやさまざまな事象の解析、クルー員の連携などの教育訓練を行っている。

また航空自衛隊は、宇宙安全保障における多国間連携やＪＡＸＡ等との連携も重視している。

多国間連携[98]

我が国は米国バンデンバーグ宇宙軍基地の多国間調整所に航空自衛官を派遣するとともに、日米共同統合演習や多国間机上演習への参加を通じて、関係国との連携を強化している。

これからは部隊間の協力、交流をさらに進め、宇宙領域における連携を強化し、国際的な宇宙空間の安定的な利用の確保に貢献する必要がある。

●宇宙状況把握多国間机上演習「グローバル・センチネル２０２２」への参加

２０２２年7月25日〜8月３日、航空自衛隊は、米国カリフォルニア州バンデンバーグ宇宙軍基地において実施された、米宇宙コマンド主催の宇宙状況把握多国間机上演習「グローバル・センチネル(Global Sentinel)２０２２」に、24の国々とともに参加した。

本演習では、ＳＳＡに関する訓練、情報収集、意見交換等を行い、知見を深めるとともに、参加国との間で、宇宙における連携を強化していくことを確認した。

●フランス宇宙コマンド主催の多国間宇宙演習「アステリクス２０２４」への参加

航空自衛隊は２０２４年3月4日〜15日、フランス・トゥールーズに所在する国立宇宙センター（ＣＮＥＳ）において、15の国々等が参加する仏宇宙コマンド主催の多国間宇宙演習「アステリクス(AsterX)２０２４」に参加した。本演習を通じ、宇宙領域に関する訓練や意見交換等を行い、宇宙領域把握（ＳＤＡ）に関わる情報共有態勢を強化し、同盟国・同志国等との相互理解を深めた。

●日加宇宙机上演習の実施について

航空自衛隊は２０２４年３月６日〜７日、カナダ空軍と宇宙領域を対象とした机上演習を府中基地にて実施した。本演習は、航空自衛隊とカナダ空軍としては初となる宇宙部隊間机上演習であり、航空自衛隊のＳＤＡに関する情報共有態勢の構築、日加宇宙部隊間の相互理解の促進および防衛協力・交流促進に寄与することを目的に実施された。

宇宙作戦群とＪＡＸＡの連携

宇宙作戦群とＪＡＸＡとの連携においては、協力協定を締結し、体制構築を進めている。協力した取組の一環として、ＪＡＸＡつくば宇宙センターに航空自衛官を派遣している。航空自衛隊が運用するシステムに加え、ＪＡＸＡのレーダーおよび光学望遠鏡と合わせ、

98　航空自衛隊のＨＰを参照した。

我が国として、効率的に宇宙空間を監視する体制が整う計画となっている。

宇宙作戦群は２０２３年度中にＳＳＡの実運用を本格的に開始した。今後も宇宙領域に専門部隊として本格的な運用開始に向け、所要の訓練を継続し、万全の体制を構築していく。

宇宙作戦群は平時から有事まで宇宙空間の安定的利用の確保に寄与するとともに、自衛隊の宇宙領域における運用の中核として任務に邁進してもらいたい。

今後の課題

「航空宇宙自衛隊」構想が報道されるようになった。米国は空軍の隷下に宇宙軍を持っている。ロシアも航空宇宙軍を持っている。航空自衛隊が将来的に航空宇宙自衛隊になっても反対する人は多くはないと思う。

ただ気になることがある。「航空宇宙自衛隊」は今後、宇宙を担当して何をするのかが問われる。ＳＳＡだけでは中国やロシアの宇宙戦に対抗できない。ＳＳＡの次にくる重要な任務は「宇宙交通管理（ＳＴＭ: Space Traffic Management）」だ。このＳＴＭをどの組織が担当するのか、その担当組織と航空自衛隊との関係をどうするか等、明確にしておかねばならないことが山積している。

また、防衛省ではＳＤＡ体制を構築するため、２０２６年度までの打上げを目標に、我が国独自のＳＤＡ衛星を保有する必要がある。さらに、他国の動向等を踏まえつつ、複数のＳＤＡ衛星の運用に関する検討や、全地球航法衛星システム（ＧＮＳＳ）信号を用いた宇宙空間での測位を含めた各種取組を推進している。

さらに、「航空宇宙自衛隊」は日本の衛星の防護にも関与するのか、さらに対象国の衛星の破壊や機能麻痺を引き起こす対宇宙（攻撃的な宇宙戦）にまで踏み込むのかなどが問われる。筆者は、解放軍の戦略支援部隊の能力を勘案し、これに効果的に対処するためには、対宇宙に踏み込まざるを得ないと考えている。

また、自衛隊のミサイルなどの長射程化が予想されるが、攻撃目標の絞り込み（ターゲティング）などに宇宙をベースとしたＣ４ＩＳＲ能力は不可欠だ。この機能も「航空宇宙自衛隊」が担当するのかなど、検討すべき事項は多い。

さらに、宇宙戦と密接な関係にある情報戦、サイバー戦、電子戦に関連のある日本の各組織との関係をいかに整理するかも課題だ。

以上のような課題を考えると、解放軍の「空天網一体化（空・宇宙・サイバー電磁波領域の一体化）」という四つの領域を融合する考え方は参考になる。「航空宇宙自衛隊」構想は、空と宇宙の領域を一体化させる発想だが、空・宇宙・サイバー電磁波領域の一体化も考えるべきだと思う。

いずれにしろ、自衛隊の宇宙戦に関する取組は始まったばかりであり、解放軍の宇宙戦能力に比較すると大きな差をつけられていることは明らかだ。ただ、２０２０年の「宇宙基本法」を読むと、「相手方の指揮統制・情報通信を妨げる能力」つまり「攻撃的な宇宙戦の能力」にまで言及しているのも事実だ。

しかしながら、解放軍に宇宙戦で対等に対抗するためには、憲法第九条や専守防衛など、我が国の防衛を制約している諸制約事項を克服しなければいけない。この分野でも政治の責任は大きい。

さらに、日本の宇宙分野を統括するのは内閣府の宇宙開発戦略推進事務局であるが、宇宙分野に関わる組織としては、ほかにも防衛省・自衛隊、ＪＡＸＡ、内閣衛星情報センター、三菱重工業株式会社などの民間企業などが存在する。これらの組織が効率的に日本の宇宙開発や宇宙安全保障に取り組むためにはどうすればいいのか。問題は山積していると思う。例えば、宇宙予算の確保は内閣府が担当するが、将来的には宇宙開発全体を担当する「宇宙庁」の新編も議論すべきかもしれない。

おわりに

最後に「2015年の思い出」、4月以降に出てきた重要な情報である「米宇宙軍の『商業宇宙戦略』」、「ロシアの国連決議案拒否」について記述したい。

2015年の思い出

私は2015年3月、ワシントンD.C.を訪問し、有名なシンクタンク、米陸軍大学、米海軍大学などで「エア・シー・バトル（ASB：Air Sea Battle）」[99]構想や日本の南西諸島防衛について議論をした。

とくにASBを最初に発表した「戦略予算評価センター（CSBA：Center for Strategic and Budgetary Assessments）」を訪問した際の活発な議論がいまでも鮮明な記憶として残っている。CSBAの研究者の「中国やロシアが米国の衛星を攻撃する可能性は高い。衛星が破壊された場合、衛星を迅速に打ち上げなければいけない。そのことを真剣に考えている」という発言には驚かされた。彼らは、衛星が破壊された場合の対抗策を真剣に具体的に考えていたのだ。迅速に衛星を打ち上げるといっても、2015年の時点でその技術は確立されていなかった。スペースXが回収したロケットを再使用したのは2017年のことだ。

本書第二章で説明したように、米宇宙軍の即応型宇宙ミッションであるビクタス・ノックスやビクタス・ヘイズは迅速な衛星打上げを前提にしている。米国は短期間で米宇宙軍を創設し、その米宇宙軍を中心として民間の宇宙関連企業の技術を活用した即応型宇宙ミッションが現実のものになっている。そのことに私は感動している。

私はいま、トランプ政権が新設した宇宙軍の存在がいかに大きな効果を発揮しているかを痛感している。トランプ氏は毀誉褒貶(きよほうへん)の激しい人物だ。彼は現在、二回目の大統領になるために大統領選挙を戦っている。彼が再選されることを避けたい人は多いと思うが、一回目のトランプ政権の宇宙政策は評価されるべきだと私は思う。彼が二度目の大統領になったらどのような宇宙政策を打ち出すだろうか、楽しみではある。

99 中国の「接近阻止/領域拒否(A2/AD)」に対抗する米軍、とくに海軍と空軍を中心とする作戦構想。ちなみに中国の接近阻止の目的は「米軍を第二列島線から排除すること」、領域拒否の目的は「米軍の中国本土近くの領域(例えば第二列島線から中国本土までの領域)の使用を拒否すること」である。

米宇宙軍の「商業宇宙戦略」

ロシア・ウクライナ戦争は本書を書く動機のひとつになった。この戦争において宇宙が非常に重要なドメインになって作戦が展開されていること、民間の宇宙関連企業の活躍が目覚ましいことなどを紹介してきた。第一章ではイーロン・マスクが設立したスペースXのスターリンクが戦争に絶大なる影響を与えていることを書いた。いまや宇宙安全保障における軍と民間企業の密接不可分な連携が強調されている。

以上の観点で注目される戦略を米宇宙軍が最近発表した。本書原稿をほぼ書き終えた4月10日、米宇宙軍が「商業宇宙戦略（Commercial Space Strategy）」を発表したのだ。以下、その注目点のみを紹介する。

・米宇宙軍は、未開拓のドメインである「宇宙」における米国の競争上の優位性を維持するために、商業部門との強力なパートナーシップの基盤を構築することを目指している。
・この商業宇宙戦略は、リーダーたちに商業提携のための新たな道を考え、急速に出現するテクノロジーを活用するよう求めている。
・米宇宙軍は、ほかの軍種の要求を商業利用計画に統合することを目指している。

・この戦略は、宇宙軍が商業部門とのこれまでのパートナーシップを超えた方法でイノベーションを確実に活用できるように設計されている。
・この戦略は商業空間ソリューションを追求するために四つの基本原則を提供している。

具体的には以下だ。

①バランス：米宇宙軍は、単一のプロバイダーやソリューションへの過度の依存を回避しながら、政府ソリューションと商用ソリューションのバランスを適切にとる。
②相互運用性：軍事規格と手順は、商業部門のイノベーション、スピード、規模を阻害することなく、政府と商用ソリューション間の相互運用性を強化する必要がある。
③回復力（レジリエンス）：統合により、商用プロバイダーの数が増加し、サプライチェーンが多様化し、使用されるソリューションの種類と数が拡大することで、回復力が強化される。選択された商用ソリューションは、とくにサイバー脅威に対して、それ自体に回復力を備えている必要がある。
④責任ある行動：ソリューションの使用は法および倫理に準拠しており、国際規範および標準さらに宇宙における責任ある行動に関する国防省の理念と一致している。

初めてのケースであった。

軌道上に核搭載ＡＳＡＴを配備することは、ロシアを含む１００ヶ国以上が批准した宇宙条約に違反する。重要なことは、宇宙空間での核爆発によって引き起こされる潜在的な被害は、世界各国の多くの衛星を破壊する可能性があるということだ。

このロシアの動きに対してジェイク・サリバン国家安全保障問題担当大統領補佐官は4月24日、「プーチン大統領が、ロシアは核兵器を宇宙に配備するつもりはないと公言しているのを聞いた。もしそうなら、ロシアはこの決議に拒否権を行使しなかっただろう」とモスクワの拒否権の根拠について疑問を呈している。

改めて思うことは、中国やロシアなどの権威主義国の論理と行動は、民主主義諸国のそれとはまったく違うということだ。

この事案は、宇宙における争いを解決するためには、まずは地球上における争いを解決すべきであることを改めて示している。

令和6（2024）年初夏

渡部悦和

渡部悦和（わたなべ・よしかず）

渡部安全保障研究所長、元富士通システム統合研究所の安全保障研究所長、元ハーバード大学アジアセンター・シニアフェロー、元陸上自衛隊東部方面総監。1978（昭和53）年、東京大学卒業後、陸上自衛隊入隊。その後、外務省安全保障課出向、ドイツ連邦軍指揮幕僚大学留学、第28普通科連隊長（函館）、防衛研究所副所長、陸上幕僚監部装備部長、第二師団長、陸上幕僚副長を経て2011（平成23）年に東部方面総監。2013年退官。その後も多くのメディアで安全保障問題、ロシアウクライナ情勢の分析などの発信、発言を続けている。おもな著書に『米中戦争 そのとき日本は』（講談社現代新書）、『中国人民解放軍の全貌』『自衛隊は中国人民解放軍に敗北する!?』（ともに扶桑社新書）、共著に『現代戦争論―超「超限戦」』『ロシア・ウクライナ戦争と日本の防衛』（ともにワニブックス【PLUS】新書）、『自衛隊式メンタルトレーニング』（ワニ・プラス）がある。

宇宙安全保障

――宇宙がもたらす恩恵と宇宙の軍事脅威増大の相克

発行日　2024年6月30日　初版第1刷発行

著　者　渡部悦和

発行者　秋尾弘史

発行所　株式会社育鵬社
〒105-0022　東京都港区海岸1-2-20 汐留ビルディング
電話03-5843-8395（編集）
http://www.ikuhosha.co.jp/
株式会社扶桑社
〒105-8070　東京都港区海岸1-2-20 汐留ビルディング
電話03-5843-8143（メールセンター）

発　売　株式会社扶桑社
〒105-8070　東京都港区海岸1-2-20 汐留ビルディング
（電話番号は同上）

装　丁　新 昭彦（ツーフィッシュ）

D T P　株式会社ビュロー平林

印刷・製本　サンケイ総合印刷株式会社

定価はカバーに表示してあります。

Printed in Japan ISBN 978-4-594-09611-3

本書のご感想を育鵬社宛にお手紙、Eメールでお寄せください。
Eメールアドレス　info@ikuhosha.co.jp